제철 맞은 장날입니다

전국 오일장과 지역의 맛을 찾아서

제철 맞은 장날입니다

김진영 지음

상상출판

여는 글

우리는 매일 먹고 산다
시장을 찾는 이유다

오일장 두 번째 책인 『가는 날이 제철입니다』에 관한 독자의 서평을 읽었다. 직접 책을 구매하고 남겨준 서평이라 관심 있게 봤다. 사람 중심이 아닌 먹거리 위주, 맛집 소개뿐이라 실망이라는 평이다. 쓸 때는 그런 의도가 아니었어도 읽는 이가 그런 느낌을 받았다면 맞다.

핑계를 대볼까 한다. 우리는 늘 무엇인가를 산다. 옷일 수도, 전자제품이거나 혹은 화장품일 수도 있다. 이런 것들을 매일 사는 사람은 없을 것이다. 대부분 어쩌다가 산다. 하지만 먹거리만큼은 형태를 달리하며 매일 산다. 시장에 가는 목적 또한 무엇인가를 사기 위함이다. 장터는 먹거리를 중심으로 먹지 못하는 것들이 함께 구성되어 있다. 시장 이야기에 먹거리를 빼면 사람 이야기밖에 없다.

TV 방송인 〈6시 내고향〉이나 오일장 관련 글은 대부분 사람 중심이다. 〈6시 내고향〉만 보더라도 인터뷰를 청하는 사람과 취재를 당하는 사람과의 티키타카가 이어지고 그 끝은 먹거리지만, 연출하기 적절한 먹거리가 주로 화면에 나온다. 오일장 글은 대부분 인문학적 관점이다. 출간된 책을 찾아봐도 그렇다. '언제 시장이 형성되었고, 특징은 이거다' 하는 식의 내용이다.

모든 이들이 '이거다' 할 때 "이거 말고 다른 것도 있어요"를 말하고 싶었다. 보기에 좋은 먹거리보다는 계절에 따라 맛이 드는 것을 소개하고 싶었다. 시장 형성의 이유보다는 '여기서 무엇을 사야 하는지'에 계절을 더했다. 무조건 먹어보라거나 사라는 것이 아니라 왜 이것을 사야 하는지를 설명하고자 했다. 우리는 먹고살기 위해 일을 한다. "먹방, 또 먹방이야!" 볼멘소리를 자주 한다. 불만을 토로해도 우리의 관심은 먹방으로 향한다. 매일 먹고 살고 있기에 그렇다.

이 책은 계절과 상관없이 무조건 맛있다고 하는 글이나 방송에 대한 나의 아우성이다. 글을 쓰면서 경계하는 단어가 '맛집'이다. 평소에 '맛집은 없다'고 생각한다. 맛집은 사람이 사람을 부르는 곳이라 여긴다. 맛보다는 다양한 매체에 소개되거나 혹은 영향력 있는 사람이 다녀가면서 인기를 얻은 집들이 대부분이다. 사람들이 많이 찾는 메뉴나 식당은 의도적으로 뺐다.

예를 들자면, 제주 오일장에서는 사람들이 많이 찾는 갈치, 방어, 옥돔 대신 삼치나 옥두어를 추천한다. 제주는 갈칫국이 유명하다. 검색만 조금 해봐도 줄 서서 먹는 집이 널려 있다. 겨울 제주에서는 줄 서는 집 아니어도 아무 곳이나 가서 먹는다. 여름에는 어디에서도 먹지 않는다. 제철에는 어디를 가도 맛있고, 아닐 때는 어디를 가나 비슷하게 맛이 떨어진다. 겨울이든 여름이든 갈칫국 먹기 위해 맛집 앞에 줄 설 이유가 없다는 말이다.

1++ 등심 파는 곳이 많은 지역에서 2등급 한우의 다른 맛을 소주 한잔과 더불어 이야기한다. 방송에 나왔어도 계절적으로 맞는 곳은 소개한다. 2월 진도라면 해초인 '뜸북'으로 끓인 국 한 그릇 해야 한다고 했다. 누구나 매생이를 찾을 때, 광주 말바우 시장에서는 물김을 사서 국을 끓이면 맛있다고 했다. 대게가 유명한 동네에서 장치회가 더 맛있다고 했다. 그 시기가 제철임에도 찾지 않는 식재료나 누구나 찾는 것이 아니더라도 맛있는 것을 소개한다.

나름의 노력과 달리 식당 이름과 음식을 소개하니 맛집 위주로 보였을 듯싶다. 지역의 이름난 대표 맛집이 아닌 다른 맛을 이야기하고자 했다. 지역을 찾아가야 할 이유를 조금이라도 만들고 싶었다. 100회 가까이 취재를 다니며 그렇게 쓰려고 노력했다.

책을 5권째 내고 있어도 여전히 글쓰기는 어렵다. 의도는 이렇지만 글로 표현하는 순간 오해를 불러일으키기도 한다. 글재주가 없으니 몸으로 대신 모자람을 채운다. 가고 또 가면서 말이다. 올해로 식품 MD를 직업으로 한 지 28년째다. 지구를 25바퀴 돌 만큼 전국 팔도를 돌아다녔다. 쌓인 경험을 오일장을 토대로 풀어내고 있다.

4년 동안 오일장을 다녔다. 평소 식품 MD는 사계절을 네 번 겪어야 비로소 초보 딱지를 뗀다고 했다. 신입이 들어올 때마다 이야기하곤 한다. 4년을 공부해야 겨우 선무당 티를 벗을 수 있다고 말이다. 꼰

대 마인드이지만 누구나 먹거리 관련해서는 진심으로 대하기 때문에 식품 MD는 더 공부해야 한다는 생각이다.

우리나라는 뚜렷한 사계절이 있다. 봄·여름·가을·겨울, 지역마다 나는 것도 다르고 맛도 다르다. 이 책은 다른 것들을 이야기하고자 했다. 어디 가서 꼭 먹어야 할 음식에 계절을 더한다. 지역마다 맛으로 빛날 때가 있다. 장터와 계절을 같이 봐야 이 책은 더 맛있다. 한반도는 생각보다 넓고, 각 지역은 때에 따라 각자의 맛으로 빛난다. 그 빛을 따라가는 여정이 오일장이다.

4년 차 초보 오일장러

김 진 영

목 차

1장

봄
쌉싸래함 사이의 여린 단맛

2장

여름
청량하고 향긋한 계절의 맛

3장

가을
무르익은 식재료들의 감칠맛

4장

겨울
소복소복 쌓이는 다채로운 맛

1장, 봄

쌉싸래함 사이의 여린 단맛

전라남도 강진

봄

손맛 가득한 찬으로 봄을 맞이하는 강진

얼마 만의 강진인가? 작천면의 유기농 농사짓는 곳을 찾아갔던 것도 벌써 15년 전. 작천면이라는 지명까지는 기억나도 정확히 어디인지, 무엇 때문에 갔는지가 기억나지 않을 만큼 오래전이다. 이상하리만큼 강진은 내 출장 여정에서 빗겨나 있었다. 오랜만의 강진행, 설렘과 기대를 안고 출발했다. 올라올 때는 기대만큼, 어쩌면 기대보다 못한 경험을 한 채였다.

햇살은 따사로웠다. 먼 하늘의 구름은 지난달보다 훨씬 '봄'스럽게 몽글몽글했다. 차 안에서 보는 풍경은 봄이었지만 내리는 순간 겨울이었다. 바람은 봄을 시샘하듯 차가웠다. 가만히 생각해 보니 음력 2월, 바다는 영등철이었다. 바다의 계절이 육지로 치자면 소한이나 대한과 같은 시기다.

바닷가에 위치한 강진이기에 불어오는 바람에 찬 바다의 체온이

강진

고스란히 실려 있었다. 옷깃을 여미면서 장터에 들어섰다. 작년 비슷한 시기에 경남 고성장에는 나물이 지천이었다. 내심 봄나물이 많겠다고 생각했지만, 강진의 봄은 아직이었다. 나물은 달래, 냉이에 봄동이 전부. 두어 바퀴 돌 즈음 진도에서 봤던 별꽃나물이 보였다. 판매하는 이한테 물었다. "이거 별꽃나물 맞죠?" "저 서울서 엄니 대신 나와서리… 이거 먹는 풀!" 우문현답. 정확한 답이다. 풀을 가리킬 때 사람의 관점에서 먹는 풀과 못 먹는 풀로 나누는 것이 맞다. 커다란 바구니에 담긴 나물을 5천 원 주고 샀다. 집에 돌아온 뒤 살짝 데쳐서 된장 양념을 만들어 조물조물 무쳤다. 미나리 씹을 때와 비슷하게 여린 향이 살짝 난다. 씹는 내내 향만큼 여린 단맛이 났다. 봄나물 중에는 쓴

강진 오일장

(왼)별꽃나물 (오)홍어 새끼인 간재미

맛으로 미각을 깨우는 것이 많은데 이 녀석은 달랐다.

강진은 바다가 기다란 삼각형 형태로 지형 가운데를 차지하고 있다. 마량항에서 바다 건너 빤히 보이는 신전면까지 갔다 온다면 왕복 100km를 운전해야 한다. 대략 50km 넘는 해안가가 있다. 바닷가가 지척인 데다가 탐진강이 바다와 만나는 기수역이라서 풍부한 해산물이 많을 줄 알았다. 수산물 파는 이는 많았지만 대부분 냉동을 내놓고 있었다. 병어와 덕대는 어딜 가나 냉동이라지만, 긴 해안가를 고려했을 때 아쉽게도 냉동이 많았다. 아마도 파도와 바람이 세지는 영등철 기간이라서 그런 듯싶었다. 간혹 눈에 띄는 간재미를 제외하고는 생물을 찾아보기가 어렵다. 사실 간재미라는 생선은 세상 어디에도 없다. 가오리의 일종이라 이야기하지만 잘못된 정보다. 홍어나 참홍어 새끼를 간재미라 부를 뿐이다. 어물전을 가만히 보면 홍어와 참홍어가 섞여 있다. 등 쪽에 눈처럼 보이는 무늬가 있으면 홍어, 없으면 참홍어다.

간재미라 부르는 이유는 예전부터 그리 불렀기 때문이겠지만 아마 법에 걸리지 않기 위한 하나의 방법이지 않았을까 싶다. 홍어는 가슴좌우 길이가 42cm 이하면 잡지 못하도록 법률로 정해져 있다. 간혹 보면 이보다 작은 것도 있다. 어린 개체는 잡지도, 먹지도 말아야 한다.

시장에 나와 있는 주꾸미 가격을 물었다. 지난달보다 만 원이나 올라 kg당 3만 5천 원이나 했다. 주꾸미가 맛있는 시기는 이미 지났다. 겨울까지가 제철이다. 봄이라 느껴지는 순간 주꾸미는 질겨진다. 3~4월 무렵에는 산란을 위해 모든 에너지를 쏟기 때문에 살에서 맛이 사

26빵집

라진다. 봄에 주꾸미 먹는 것은 어리석은 일이다. 가장 맛없는 것을 가장 비싸게 사 먹는 일이기 때문이다.

시장 이곳저곳을 다니는 도중 어디선가 갓 나온 빵 냄새가 났다. 냄새를 쫓아가 보니 '26빵집' 간판이 나왔다. 혼자 운영하는 듯 보이는 이가 정신없이 빵을 만들고 있었다. 향기에 홀려서 들어가 빵과 커피를 주문했다. 갓 구운 단팥빵과 올리브를 듬뿍 넣어 만든 포카치아였다. 우리밀과 천연발효종으로 빵을 만든다. 천연발효종으로 빵을 만들면 소화가 잘되고, 건강이 뭐 어쩌고저쩌고한다. 사실 다 마케팅 수단이니 그냥 흘려듣는 게 좋다. 천연발효종으로 만들면 다양한 풍미의 빵이 나온다. 이스트를 썼을 때보다 기대할 수 있는 향미가 더 있을 뿐이다. 11시부터 빵이 나온다. 왜 가게 이름이 26빵집인지 묻자 '점포 번호가 26번째라서'라는 답이 돌아왔다.

강진에 가면서 한정식은 피할 생각이었다. 정식이라는 게 일본에서 유래한 것이다. 한국+정식을 줄여 한정식이라 부르는데 어느 순간부터 어디를 가나 한정식이 지역의 고유 음식처럼 되었다. 한정식에 나오는 음식은 고기, 회, 보리굴비 등 몇 가지 주메뉴와 전, 나물, 장아찌 같은 반찬들. 상을 채우고도 남아 그 위로 2층을 쌓는 예도 있다. 가짓수가 많아서 먹을 게 많아 보이지만 정작 젓가락 가는 찬은 한정적이다. 식사를 마치고 나면 안 먹은 반찬이 더 많다. 가짓수에 집착하다 보니 음식에서 성의는 빠진다. 그렇게 채운 것이 한정식이다.

마량항에서 저녁을 먹을 생각이었지만 오후 4시에 가보니 이미 식당 문을 닫은 뒤였다. 그냥 돌아와 읍내에 있는 한정식 식당으로 갔다. 한정식 식당으로 간 이유는 내 자료 중 유독 한정식 사진만 없었기 때문이다. 사진을 채우기 위한 목적으로 갔고, 그 목적만 달성한 채 돌아왔다. 대략 스무 가지 찬이 나왔다. 그런데 나온 생선회의 모습이 가관이었다. 보통의 회라면 한 점 크기일 텐데 이것을 네 점으로 잘라 나왔다. 삼합도, 돼지불고기도 작았다. 양이 적은 것이 아니라 채운 내용물의 크기가 너무 작았다. 공깃밥을 여니 공기에 딱 반만 채워진 떡진 밥이 담겨 있었다. 인당 3만 원 식사비에 극단의 미니멀리즘을 추구하는 식당이었다. 크기가 작고 크고를 떠나서 가장 중요한 간도 맞지 않았다.

성의가 빠진 음식, 그게 바로 한정식이다. 블로거, 유튜버, 여행작가, 기자들이 군청으로부터 초청받아 '팸투어'를 떠난다. 공무원과 함께하는 한정식은 잘 나온다. 그들이 홍보한 것을 보고 온 사람들은 다 먹고 욕하면서 나온다. 사진과 실제가 많이 다르기 때문이다. 그날의 일행 또한 팸투어로 강진에서 한정식을 두어 차례 먹어본 이다. 강진 1미라고 자랑하기 전에 제대로 나오는지부터 점검해야 하지 않을까 싶다. 찬 숫자를 줄이고 성의를 더하지 않는다면 강진에서 피해야 할 음식 1위가 한정식이다.

첫날 강진에서 가장 맛나게 먹은 음식이 분식이었다. 튀김, 라면, 쫄면, 김밥을 파는 곳이었는데, 보통의 분식점이라면 튀김을 미리 해 놓고 주문이 들어오면 한 번 더 튀겨서 내준다. 김밥도 잘 나가는 종류는 미리 싸놓기도 한다. 이 집은 달랐다. 튀김류는 주문과 동시에 튀기기 시작한다. 종류에 상관없이 그렇다. 나온 오징어튀김을 먹고는 깜짝 놀랐다. 오징어가 들어 있었다. 오징어튀김에 오징어가 든 게 놀랄 일인가 싶지만, 놀랄 일이다. 오징어가 들어가는 음식 대부분 이미 대왕오징어가 자리를 대신하고 있다. 아무 맛도 안 나는 것을 튀기면 역시 아무 맛도 안 난다. 오징어가 들어간 튀김을 먹는 순간 그 향이 예전 기억을 되살렸다. 어릴 때 먹었던 오징어튀김 생각이 났다. 김밥도, 떡볶이도 주문 직후 바로 만든다. 음식 만들 때 성의가 가득 들어가면 맛없을 수가 없다. 게다가 재료까지 제대로라면 더할 나위 없다. 그런 식당이 여기다. 채소튀김도 맛나지만, 김말이와 오징어튀김이 '찐'이다. 나가면서 보니 차를 몰고 온 이가 고민 없이 김말이만 3만 원어치 주문했다.

(위)강진 한정식 (아래)엄마손김밥

기사 식당의 주메뉴 중 하나가 돼지불백. 전국을 다니다 보면 흔히 만날 수 있는 메뉴이기도 하다. 간장, 고추장, 된장 중 어느 것으로 양념하느냐에 따라 맛이 달라진다. 달짝지근하거나, 매콤하거나 또는 구수하거나 셋 중 하나다. 바로 구워낸 돼지불고기의 향은 참으로 매력적이다. 몇 해 전인가 EBS 〈한국기행〉에 강진이 나왔다. 그중에서 병영면 편에 나온 불고기 집이 있었다. 동네 사람들 가는 식당으로 장이 서든 안 서든 매일 문을 여는, 동네 사랑방 같은 곳이었다. 보면서 한번 가보고 싶다는 생각이 들었다. 메뉴는 돼지불고기 하나, 나오는 찬도 화려하지 않고 수수했다.

강진을 떠나기 전 병영면으로 갔다. 오래전 TV에서 봤던 그 모습 그대로 식당이 있었다. 불고기 2인분을 주문하니 쥔장이 밖으로 나간

돼지불고기가 아니더라도 반찬만으로도 한 그릇 뚝딱이다.
읍내 한정식집하고는 '끕'이 달랐다.

다. 슬쩍 따라 나가봤다. 연탄 화덕에서 고기를 굽고 있었다. 불고기가 나오기 전 찬이 깔린다. 고춧가루가 살아 있는 듯 보일 정도로 막 무친 밴댕이젓을 비롯해 김치와 다른 찬 몇 가지가 차려졌다. 하나하나 맛을 봤다. 빠짐없이 간이 살아 있고 맛있었다. 허투루 내는 찬이 아니었다. 초벌한 불고기를 판 위에 올리고는 파채를 더해 굽는다.

밥을 주문하니 주발에 밥을 바로 퍼준다. 갓 구운 불고기와 막 퍼준 밥의 조합은 극강이다. 파채를 올려도 좋고, 간이 딱 맞는 강진 특산물 토하젓을 더해도 좋다. 들깻가루는 선택이다. 개미진 전라도 손맛 가득한 찬이 가세하니 허리띠가 첫술에 바로 무장 해제다. 전날 한정식에 상처받은 마음이 병영 돼지불고기 백반으로 치유받았다. 수십 년 전, 『나의 문화유산답사기』에서 꼽은 백반 집이 여기가 아니었을까 싶을 정도로 맛났다. 여기서 밥 먹고 나면 백반은 찬의 숫자보다는 맛이 더 중요함을 알게 된다.

상점 정보

- 26빵집 **주소** 전라남도 강진군 강진읍 시장길 19 야채시장 내 26호 가게 **전화** 010-4926-0311
- 엄마손김밥 **주소** 전라남도 강진군 강진읍 고성길 3 **전화** 061-433-1415
- 배진강 **주소** 전라남도 강진군 병영면 병영성로 107-16 **전화** 061-432-1058

부산광역시

봄

매화 핀 기장에서 맛보는 봄의 여린 단맛

오랜만에 혼자 떠난 장터 여행이었다. 같이 다니던 이는 딸아이의 코로나 확진으로 자연스레 여행에서 빠졌다. 허영만 선생님은 저녁에 부산에서 합류하기로 했지만, 이 또한 사정으로 인해 불발되었다. 오롯이 혼자였다. 선생님으로부터 도착한, 심심하겠다는 위로의 문자. "원래 혼자 다녔습니다" 하고는 돌아다녔다. 기장은 정관신도시에 사람이 한창 들어올 때 와보고는 지난 강진군만큼 오랜만이다. 기장으로 가는 내내 따스했다. 여태 가지 않고 남아 있던 겨울이 시샘 부리듯 가끔 찬바람을 내뿜어도 봄은 봄이었다. 기장에 도착해 바닷가를 다녔다. 곳곳에 매화가 활짝 피었다. 강진에서 봤으면 했어도 쉬이 모습을 드러내지 않았던 매화가 여기저기 눈에 띄었다.

송정 오일장은 기장군 철마면에서 5, 10일이 든 날에 열린다. 열리

겨울채

기만 한다. 사전 조사를 했지만, 규모는 확인 못 하고 날짜만 보고 출발했다. 그게 실수였다. 조금 더 알아보고 갔으면 2, 7일 날 열리는 정관신도시 시장으로 갔을 것이다. 송정장에 도착하니 상인 몇몇이 모여 있었다. 헤아려보니 5명. 조그만 사거리 모퉁이를 하나씩 차지하고 있었다. 내가 봤던 오일장 중에서 가장 규모가 작았다. 실망하긴 이르다. 대도시 근처 오일장이 이런 모양새라면 오일장의 역할을 상설시장이 대체한다고 보면 된다. 지역이나 사정에 따라 달라지지만 대개 그렇다.

기장시장으로 향했다. 마침 숙소도 시장 앞에 잡았다. 짐을 풀고는 카메라를 메고 길을 나섰다. 기장은 이미 봄이기에 외투를 벗고 다녔다. 몇 해 전 겨울 일본 오키나와에 갔을 때, 우리는 반바지 차림이었고 현지인은 두꺼운 외투 차림이었다. 시장에 다니는 이나 일하는 이나 차림새가 두툼했다. 기장에서도 마찬가지였다. 나 혼자 외투 없이

등가시치

다녔다. 말하지 않아도 알 수 있을 만큼 외지인임을 한껏 티 냈다.

봄이 좌판 위에 내려앉아 있었다. 계절이 바뀐 게 한눈에 보였다. 낯선 나물이 많았다. 머위는 가끔가다 보였고, 낯선 것이 눈에 자주 띄었다. "뭔가요?" "겨울채, 배추에 올라온 거." "아…." 동네마다 부르는 이름은 제각각인 배추나물이다. 지난해 수확한 배추의 뿌리가 살아 있다면 밭에서 새순이 올라온다. 그 순을 겨울채라 한다. 열무와 갓의 중간 정도 되는 쌉싸름한 맛으로, 여린 단맛이 쌉싸름함을 단단하게 받치고 있다. 육지의 나물뿐만 아니라 바다의 것도 계절 변화를 알렸다. 좌판 위에 미역과는 다른 해조류가 자리 잡고 있었다. 다시마다. 햇미역은 겨울의 시작을, 햇다시마는 봄의 시작을 알리고는 둘 다 여름이 시작될 무렵 끝난다. 다시마가 나왔으니 진짜 봄의 시작이다.

수산물 좌판으로 가니 언뜻 보기에 개상어처럼 보이는 게 있다. 자세히 보니 개상어는 아니고, 등가시치 같았다. "등가시치인가요?"

"아니 꼬랑치!" "예?" "꼬, 랑, 치!" 꼬랑치, 고랑치라 부르는 등가시치가 맞았다. 동해에서 흔히 볼 수 있는 '벌레문치(장치)'와 사촌답게 예쁘지는 않다. 생김새가 못났다고 맛까지 험악한 것은 아니다. 오히려 회가 쫄깃하고 맛이 순하다. 미역국과도 제법 잘 어울리는 생선으로, 미역이 많이 나는 기장과 궁합이 맞는다. 쉽게 만나기 어려운 생선이라 안 살 수가 없었다.

기장답게 미역이 많았다. 이웃한 울산이나 포항에도 많지만, 기장은 미역의 고장다웠다. 다른 곳에는 없는 해산물이 하나 더 있었다. 이 동네에서는 '양장구'라 부르는 말똥성게다. 미역이 많은 동네에는 성게가 많을 수밖에 없다. 성게의 주 먹이는 해초와 어류 사체다. 인천에서 멀리 떨어져 있는 백령도와 대청도에서도 미역과 다시마가 많이 난다. 미역과 다시마가 많으니 먹고 자란 여름철 백령도 성게의 맛은 깊고 진하다. 풍부한 먹이 자원이 있기에 가능한 것이다. 기장 또한 백령도 못지않게 성게가 맛있다. 시장 초입부터 성게가 쌓여 있었다. 성게 파는 곳들이 고개만 돌려도 보일 정도로 많았다. 봄바람 부는 기장하면 으레 멸치부터 떠올린다. 하지만 3월은 이르다. 식당에서 내는 것은 대부분 냉동 저장한 것이다. 3월에 기장에 간다면 무조건 성게다. 먹장어만큼 못생긴 고랑치도 없어서는 안 된다.

양장구를 구경했더니 이젠 맛을 보고 싶었다. 시장에서 얼마 떨어져 있지 않은 일광 해수욕장으로 향했다. 양장구비빔밥을 주문했다. 잘 손질한 성게 알을 잘게 썬 김과 함께 간을 해서 따듯한 밥 위에 올

미청식당

딸부자집

렸다. 숟가락 대신 젓가락으로 살살 비비면서 김에 싸 먹으라 권한다. 식당 추천 방법이다. 몇 숟갈 먹다 보니 조금 귀찮다. 게다가 김에 싸니 김 향이 성게 향을 방해한다. 어차피 잘게 썬 김이 들어가 있기에 굳이 싸 먹을 필요가 없어 보였다. 숟가락으로 떠먹으니 그제야 성게 향이 입 안 가득 찬다. 어떤 비빔밥이든 숟가락으로 먹을 때 제맛이 느껴진다. 같이 나온 찬도 괜찮다. 시장에서 살까 말까 했던 곰장어묵도 맛봤다.

일광읍에서 양장구비빔밥 말고도 기장이 아니면 맛보기 힘든 것을 파는 곳이 해수욕장 옆 학리 마을에 있다. 말미잘탕이다. 말미잘탕이라고는 하는데, 맛을 보면 장어탕에 말미잘이 들어간 것이 아닐까 싶다. 음식의 기원은 장어 주낙에 말미잘이 걸려 나온 것을 같이 먹기 시작하면서부터라고 한다. 말미잘 종류가 많지만 탕으로 먹는 말미잘은 해변말미잘이다. 근래에 먹기 시작한 것은 아니고,『자산어보』에도 국 끓여 먹는다는 내용이 있다고 한다.

학리 방파제 옆에 식당이 다닥다닥 붙어 있다. 모든 곳에서 말미잘탕을 낸다. 먹기 전에 어떤 식감일까 상상했다. 쫄깃쫄깃은 할 것이라 속으로 생각했다. 말미잘을 맛보자 상상 속의 맛하고 거의 차이가 없었다. 씹는 순간 쫄깃한 식감인데 양념 외에는 별맛이 없다. 씹는 맛으로 부드러운 장어의 식감을 보충해 주는 정도다. 눈에 보이는 말미잘의 모습은 '먹어도 될까?' 싶은 의문이 들게 하지만, 막상 입에 넣으면 쫄깃하면서도 부드럽게 씹힌다. 주문하면 돌아오는 질문이 있다.

"방아나 산초 싫어하세요?" "아뇨, 듬뿍 넣어주세요." 방아나 산초 싫어하는 사람은 미리 말해야 한다. 하지만 경상도 매운탕에서 방아가 빠지면 맛이 심심해진다.

저녁에 소주 한잔할 곳은 미리 점찍어 뒀다. 고기 파는 곳인데 좀 특이했다. 아니 아주 특이한 곳이다. 회전초밥 집에 가면 레일을 타고 초밥 접시가 돌아다닌다. 먹고 싶은 것을 골라 먹을 수가 있는 데다가 혼밥도 가능하다. 이곳은 접시 위에 초밥 대신 고기가 올라가 있다. 돼지고기, 소고기, 양고기가 부위별로 접시를 타고 돌아다닌다. 잠시 구경하니 삼겹살, 목살, 항정살, 부챗살, 채끝, 새우살 등이 보인다. 회전초밥 집처럼 혼자서도 OK다. 사실 혼자 떠나는 여행에서 고기 먹기란 거의 불가능하다. 2인분 시킨다 한들 팔지 않는 식당이 대부분이다. 별도 상차림이 없고 대신 셀프 상차림비를 받는다. 3천 원에 김치며 양념, 소스를 담을 수 있는 접시를 내준다. 레일을 타고 다니는 김

미육

치나 양념을 이것저것 담다 보면 불판이 충분히 열을 받아 구울 준비가 끝난다. 그다음은 취향껏 고기를 고르면 된다. 사실 고깃집에 가서 소고기를 먹다가 돼지고기 먹기는 어렵다. 게다가 양고기까지 같이 주문하는 건 더더욱 힘들다. 여기선 그 모든 것이 가능하다. 새우살을 먹다가 등심을 꺼내 구웠다. 얼추 등심을 다 먹을 즈음 삼겹살을 굽기 시작했다. 밥을 주문하고는 양고기를 구웠다. 먹고 싶은 부위는 따로 주문도 가능하다.

뷔페식 고깃집하고 비슷하네, 하는 생각이 든다. 돼지고기, 소고기, 양고기가 있는 것은 비슷하지만 내용물의 품질은 하늘과 땅만큼의 차이다. 쥔장은 오랫동안 발골 기술자로 일을 했다고 한다. 나오는 고기 또한 경매로 직접 선택한다고 한다. 경매장에서 산 고기는 바로 내지 않고 일정 시간 숙성을 해서 낸다고 한다. 발상의 전환으로 재밌는 경험을 준다. 재미만 있으면 그걸로 끝나겠지만 고기가 맛나다. 심지어 같이 나오는 된장찌개 또한 맛있다. 기장에서 시작해 전국에 몇 개 점포가 있다고 한다. 대표 메뉴로 쇠고기라면을 꼽지만 먹어보진 못했다. 참 재밌고 맛난 식당이다.

상점 정보

- 미청식당 **주소** 부산광역시 기장군 일광읍 기장해안로 1303 **전화** 051-721-7050
- 딸부자집 **주소** 부산광역시 기장군 일광읍 학리등대로 101 **전화** 010-7150-8215
- 미육 **주소** 부산광역시 기장군 기장읍 차성동로 140 **전화** 070-7543-9265

경상북도 성주

봄

성주 가야산 자락 따라 시원한 맛의 향연

3월과 4월의 경계지점. 봄이 무르익기 시작하는 시기다. 소나무의 짙은 녹색 사이사이 마른 나뭇가지만 있던 자리에 봄 초록이 찾아들었다. 봄 초록을 보는 순간 마음이 편해진다. 새순이 나고 매화는 마을 어귀 곳곳에 피었다. 꽃망울만 있는 사이에서 성급한 벚나무는 이미 만개하기도 했다. 봄이 오면 농촌은 평소보다 바빠진다. 작물을 새로 심을 준비에 여념이 없다. 다른 곳보다 성주는 봄이 더 바쁘다. 우리나라에서 생산하는 참외 대부분이 성주에서 나기 때문이다. 성주에 들어서면 가장 눈에 많이 띄는 게 참외 재배하는 하우스다. 참외가 한창 나기 시작하는 성주 오일장(2, 7장)을 찾았다.

오일장에 가기 전 성주의 한 참외 농장을 들렀다. 농업대학을 졸업하고 귀농해서 참외 농장을 운영하는 젊은 남매를 만나기 위해서다.

참외 하우스

남동생(고대우, 26)은 다른 일이 있어 보지 못하고 누나(고민아, 28)와 만나 이야기를 나눴다. 동생은 농사를, 누나는 마케팅을 책임지고 있다. 귀농한 지는 5년 차. 일손 구하기가 어려운 거 빼고는 하나하나 배워가면서 일하는 중이라 한다. 사무실 옆에 스마트팜을 설치해 데이터에 의한 농업을 한다고. 감에 의존하지 않고 정확한 데이터를 기반으로 참외 농사를 짓는 것이다.

한입 깨물면 속 노란 참외, 코리아멜론이라 불리는 참외는 원래 일본에서 개발한 품종이다. 1957년 일본에서 '은천'이라는 품종을 도입하면서 한반도에 노란 참외가 깔리기 시작했다. 70년 가까이 지난 지금은 은천의 자손들이 여러 이름을 지닌 채 자라고 있다. 은천이 들어오기 전 한반도에 자생하던 참외는 개구리참외를 비롯해 강서참외, 청참외, 열골참외 등이 있었다. 단맛이 은천 계통보다 모자란다. 애플참외라 불리는 청참외는 여름철 장터에서나 가끔 볼 수 있을 정도로 재배를 많이 하지 않는다. 참외 농법이 발전해 예전에 노지 재배할 때와 달리 단맛이 좋다. 참외를 애써 고를 필요가 이제는 없다. 큰 놈은 고르지 말고 손안에 쥐일 정도 크기가 딱 적당하다. 표면이 매끈한 것보다 까칠한 것이 또한 단맛이 좋다.

성주를 돌아 나가는 하천인 이천, 그 뚝방 옆에 성주시장이 있다. 오일장 날이 아니어도 여는 점포가 꽤 있다. 예전에 참외 때문에 왔다가 성주시장을 구경한 적이 있었다. 문 연 점포는 있어도 오가는 이가 적으니 시장 분위기가 안 났다. 오일장이 제대로 서니 비로소 장터 분위기가 난다. 나긋나긋한 경북 내륙의 사투리가 정겹다. 할매들 목소리 사이에 청도 출신 엄마 목소리가 곳곳에 묻어 들린다. 성주군의 농사 대부분이 참외이다 보니 오일장에는 성주 것이 별로 없었다. 참외를 제외하면 외지 것이 대부분이었다. 참외의 본고장이니 참외가 많겠다고 생각했지만, 다른 지역 시장보다도 참외가 없다. 풍요 속에 빈곤이 딱 맞는 표현이었다. 성주의 너른 들판 여기저기서 참외가 쏟아지다 보니 시장에서 사 가는 이가 없을 수밖에 없다. 외지인 역시 성주 들어오는 국도변에 참외 판매상이 수없이 있으니 굳이 시장까지 와서 살 일이 없다. 어중간한 시기, 봄 향 가득 품은 나물은 아직이었다. 할매들 몇몇이 쑥이며 머위를 앞에 두고 있을 뿐이었다.

시장을 구경하면서 반찬 하나를 찾았다. 계속 참외 이야기지만 성주는 미안하게도 참외 빼고는 이야깃거리가 많이 없다. 전날 저녁 먹을 때 찬으로 나왔던 참외장아찌를 눈 씻고 찾았지만 없었다. 반찬 가게 아저씨에게 참외장아찌 없냐 물으니 돌아오는 대답은 "그 흔한 걸 뭐 하러!" 성주 사람들에겐 흔하겠지만 우린 아니라고 항변이라도 하고 싶었다. 달달하면서도 간이 딱 맞는 장아찌 맛이 입 안에서만 맴돌 뿐 구할 길이 없었다.

성주에서 잊지 말고 사야 할 것이 등겨장이다. 보리를 도정할 때 나오는 속겨로 담근 장으로, 고기쌈용으로 그만이다. 돌아다니다가 산다는 것을 깜빡 잊었다. 시장을 몇 바퀴 돌다 보면 사람들이 잘 모이는 곳이 있다. 때마다 달라지지만 봄철에 가장 핫한 곳은 모종과 묘목을 파는 곳이다. 주차장과 시장 사이, 해가 잘 드는 곳에 자리 잡은 모종 상인이 보였다. 다른 이들과는 다른 것을 팔고 있다. 인삼, 도라

참외도 참외장아찌도 보기 힘든 곳이 참외의 고장 성주다.

지, 더덕 등을 팔고 있었다. 오가는 이들이 많은 길목에 자리 잡은 덕도 있지만, 봄은 그렇게 여름과 가을을 미리 준비하는 계절임을 성주 시장에서 다시 한번 깨달았다.

몇 해 전 김천에서 일 보고는 국도를 따라 성주로 온 적이 있다. 성주로 향하는 길목에 산등성이 위쪽, 도로 양옆으로 묵 집이 나란히 있었다. 그중 한 집에서 맛을 봤었다. 성주 곳곳을 다니다 보면 꽤 괜찮은 묵 집을 만날 수 있다. 이번 출장길에도 묵밥을 먹을까, 하다가 청국장보리밥을 먹었다. 이 집도 묵밥을 하고 있었다. 들어오는 손님 대부분도 묵밥을 주문했다. 묵밥을 주문하지 않고 청국장을 주문한 까닭이 있다. 청국장에 사용하는 콩을 쥔장이 직접 재배했다는 것이다. 농사지은 콩으로 청국장을 띄우고, 두부를 만든다. 두부 만들고 남은 비지로는 찌개를 끓여 반찬으로 내준다. 청국장에 든 두부 맛을 보니 다음에는 촌두부도 주문하면 좋을 듯싶었다. 청국장과 함께 비빌 재료가 나왔다. 보리밥에 재료와 고추장을 한데 넣고 비볐다. 비비기 전, 청국장 한 국자를 넣어야 제대로 맛이 산다. 촌두부 대신 주문한 정구지(부추)지짐, 제대로 선택했다. 민물새우를 듬뿍 넣고 지짐을 부쳤다. 민물새우의 고소한 향과 다져 넣은 땡초의 매콤함까지 더해 손이 멈추지 않았다. 지짐과 보리밥을 맛보고 나니, 메밀묵 또한 기가 막힐 것 같았다.

성주 하면 참외, 그리고 가야산이다. 여기에 꿩탕을 빼면 섭섭하

시원한 맛이 일품이었던 꿩탕

다. 원래는 꿩샤부샤부를 먹을까 하다가 꿩탕으로 메뉴로 바꿨다. 꿩탕? 사진을 보지 않았기에 처음에는 닭백숙 비슷하게 나올 거라 생각했다. 꿩탕은 지금까지 먹어본 적이 없다. 꿩 요리는 자주 접하기 어렵기 때문이다. 겨우 먹어본 것이 꿩만두 정도다. 식당에 가기 전 미리 주문해 두었기에 도착하자마자 바로 먹을 수 있었다. 처음 본 꿩탕은 이랬다. 소고기뭇국과 비슷하다. 깍아썰기 한 무와 토막 낸 꿩을 넣고 푹 끓인 음식이다. 간은 참기름과 고춧가루, 간장으로 한다. 예전 남원 오일장에서 소개한 토종닭뭇국과 비슷하지만, 맛의 결이 달랐다. 토종닭뭇국은 구수한 맛이 장점이라면 꿩탕은 시원한 맛이 일품이었다. 소주 한 잔을 곁들였다. 기분상이지만, 소주 마시고 꿩탕 국물을 들이켜니 해장이 바로 되는 듯싶었다. 꿩탕은 겨울에만 판다고 한다. 날이 따스하면 꿩 공급이 안 된다고. 여름 지나고 가을이 되면 다시 꿩탕을 먹을 수 있다고 한다. 소주 마시면서 따로 주문한 건어물찜 또한 맛났다. 문어, 북어, 오징어, 가오리, 닭고기를 미림과 간장으로 조렸다. 소주 안주로 좋다. 꿩탕뿐만 아니라 건어물찜 또한 독특한 맛이다.

예전에 초록마을에서 일할 때부터 우리밀을 응원했다. 우리밀 관련한 제품도 꽤 많이 기획했었다. 오일장 취재를 하면서도 가능하면 지역에 우리밀 관련한 식당이나 빵집을 찾아 소개하려고 한다. 1%인 우리밀의 시장 점유율이 조금이라도 높아졌으면 하는 마음에서다. 성주에도 우리밀 빵집이 있다. 읍내에서 세종대왕자 태실 가는 길에 위치한 '행복한빵연구소'다. 우리밀을 직접 재배하고, 이웃한 농부가 재배한 팥을 사용한다. 가장 인기 있는 품목이 꽈배기라는 글을 보고 가서 꽈배기만 전문으로 하는 곳인가 했다. 직접 보니 아니었다. 우리밀

로 다양한 빵을 만들고 있었다. 꽈배기뿐만 아니라 단팥빵, 소보로빵, 식빵이 있었다. 처음에는 누가 이런 시골 국도변까지 와서 빵을 사가나 싶었다. 서울로 올라오기 전, 오후 1시쯤에 갔는데도 매대에 빵이 별로 없었다. 주변에 있는 참외 농가에서 새참으로도 많이 사 가고 이웃한 대구에서도 원정 올 정도라고 한다. 여기서 식빵을 샀다면 차로 10분 거리에 참외잼 파는 곳이 있다. 참외빵도 팔고 매장에서 직접 만든 참외마들렌이나 참외마카롱도 있다. 참외 고장인 만큼 커피 대신 참외스무디나 참외라떼도 좋다.

상점 정보

- 신성식당 **주소** 경상북도 성주군 금수면 가천로 710 **전화** 054-932-5087
- 감골식당 **주소** 경상북도 성주군 성주읍 경산길 9-3 **전화** 054-933-2416
- 행복한빵연구소 **주소** 경상북도 성주군 월항면 세종대왕자태실로 23 **전화** 054-933-6222
- 카페 옐롱 **주소** 경상북도 성주군 월항면 월항로 560 **전화** 054-931-8480

경상남도 창녕

봄

우포늪에서 건져 올린 쫄깃한 매력

창녕행이다. 양파의 최초 재배지, 우포늪을 품은 창녕으로 떠났다. 예전부터 창녕에 가고 싶었다. 낚시꾼인 내가 우포늪을 외면하기는 어려웠다. 그렇지만 이상하리만큼 창녕과는 인연이 닿지 않았다. 외면하는 것보다 가는 게 더 어려웠다. 우포늪이 낚시 금지 구역이 되면서 우포늪에서 낚시를 하겠다는 꿈은 접었다. 대신 사진 찍는 것이 취미가 된 지금도 여전히 우포늪은 로망의 대상이었다. 우포늪은 매력적인 사진 포인트기도 하다. 입맛만 다실 뿐 가지 못하다가 두근두근 설렘 가득 안고 경남 창녕군으로 떠났다.

창녕에 들어서니 사방이 마늘밭, 양파밭이다. 창녕 양파는 옛날부터 유명했다. 1908년 원예 모범장에서 최초로 재배했다는 기록이 있다. 이어 민간에서는 창녕군 대치면에서 처음 재배에 성공했다고 한다. 지금도 그를 기려 조형물을 설치해 놓았다. 창녕의 어느 곳을 보더라도 푸른빛이 가득하다. 따듯한 봄 하늘 아래 넓은 들판에서는 양파와 마늘이 자라고 있다. 색이 조금 짙은 게 양파밭, 옅은 것은 마늘밭이다. 밭 끄트머리에는 화왕산이 창녕의 중심을 지키고 있다. 이 시기 시장에 가면 허여멀건한 색을 지닌 햇양파가 드문드문 보인다. 창녕장(3, 8장)에서도 드문드문 보였다. 최초 재배지인 창녕 것은 아니고 바다 건너 제주에서 수확한 햇양파다. 햇것이라는 걸 빼면 양파로서 매력은 떨어진다. 게다가 수분이 많아 보관하기도 어렵다. 5월이 지나 6월이 돼야 본격적인 양파 수확 철이다.

창녕 오일장은 모양새가 길다. 전통시장 외에 버스터미널 근처에도 조그만 장이 선다. 전날에 도착해 한 바퀴 돌았다. 한적한 모습이

창녕 오일장

두릅과 미나리

을씨년스럽기도 했다. 상설시장이 있어도 여느 지방의 장터처럼 사람이 드물었다. 내일은 어떤 모습일까? 궁금함이 밀려왔다. '과연 반전이 있을까?' 하는 의구심도 들었다. 다음 날 장이 서고 보니 내 의구심은 기우였다. 상품과 사람이 넘쳤다. 을씨년스러운 모습은 간데없이 활력 넘치는 모습이었다.

탐색하면서 오일장을 걸었다. 걷다가 맘에 드는 게 보이면 멈춰서서 가격을 물어보기도 했다. 익숙한 시장이라면 덥석 샀겠지만, 처음 가는 곳은 탐색이 먼저다. 가다가다 어디가 끝인가 봤더니만 아직 중간 즈음이다. 전통시장과 상설시장 따라 길게 늘어선 모습이다. 이런 모양새의 장터는 장 보기가 쉽다. 사방팔방으로 뻗어 있는 큰 장터가 탐색이 쉽지 않아 오히려 장 보기 어렵다. 전북의 익산 오일장이 대표적인데, 규모는 크고 출입구가 사방에 있어 구경만 하다가도 지친다. 창녕에서는 왔던 길을 되돌아가면서 장 보는 사람 따라 나도 장을 봤다.

처음 산 것은 맏물 두릅. 어린아이 손가락 크기 정도였지만 두릅은 두릅. 하우스에서 재배한 것과 달리 크기도 제각각이었다. 양도 딱 작은 대야 하나만 있다(재배한 두릅은 대야 하나를 팔고 나면 뒤에서 슬쩍 꺼내 놓는 경우가 많다). 이 할매 뒤를 보니 아무것도 없다. 딱 팔 것만 가지고 나왔다. "이거 얼마예요?" "만 원. 아침에 따러 갔더니만 이것밖에 없네."

3월과 4월은 미나리가 제철이다. 시장에도 미나리가 많았다. 하우스 재배한 것은 통통하고 길쭉한 모습이다. 도랑이나 습지에서 자라는 돌미나리는 그에 비해 길이가 짧고 빈약하지만, 향은 가득하다. 향채는 향이 좋아야 한다. 돌미나리 한 봉지 사고는 시장 초입에 있는 웅어 파는 할매를 찾아갔다. 내륙에 무슨 웅어? 바다와 강을 오가는 웅어는 예전부터 횟감으로 이름 좀 날리는 녀석이다. 지금도 강과 바다의 경계에 있는 지역에서는 봄이면 찾는 이들이 많다. 낙동강이 지나는 창녕이다 보니 웅어 먹는 습관이 남아 있었다. 웅어를 사면서 여기 거냐 물으니 "전라도 거고, 여기 치는 조금 더 있어야 나와." 작은 김밥 도시락만 한 웅어가 만 원. 돌미나리 넣고 회무침을 하면 환상일 듯싶다. 웅어를 사고 뒤돌아서는데 표고버섯이 눈에 들어왔다. 모양새가 예사롭지 않았다. 관심을 가지면서 쪼그려 앉으니 잎이 핀 표고버섯을 잘라 내민다. 입에 넣고 오물오물 씹을 때마다 짙은 표고 향이 난다. '찐'이다. 시설재배한 것에서는 날 수 없는 향이 지갑을 열게 했다. 미나리든, 표고버섯이든 향이 먼저임을 다시 한번 깨닫는다. 외형적으로 보이는 모양이 중요한 것이 아니라 품고 있는 내실이 더 중요하다. 과실이나 채소를 모양 보고 고르면 안 된다. 예쁜 모양보다 향과 맛이 먼저다.

장이 서기 전날에 장터를 찾은 이유는 수구레국밥 때문이었다. 시장통 주변으로 몇 집이 모여 있다. 수구레라는 것은 벗겨낸 소가죽에 붙어 있는 아교질 부산물이다. 사실 그냥 콜라겐 덩어리라 보면 된다. 수구레를 넣고 끓이면 수구레국밥, 사태와 무를 넣고 얼큰하게 끓여내면 장터국밥이다. 창녕에서 수구레국밥이 유명해진 것은 시장 근처에 도축장이 있었기 때문이다. 도축장이라고는 하지만 예전부터 고

삼오식당

기만 잡던 마을이 근처에 있었단다. 그 덕에 수구레 구하기가 쉬웠다고. 도축장과 우시장이 있던 장터에 가면 수구레국밥을 쉽게 찾아볼 수 있다. 그전부터도 먹어온 국밥이지만 한 예능 프로그램에 잠깐 비춰진 후로 전국적으로 유명해지면서 명성을 얻었다. 수구레국밥을 청하고 앉으니 이내 음식이 나왔다. 잘 지은 밥을 조금씩 말았다. 그래야 밥과 국물을 오롯이 즐길 수가 있다. 수구레가 쫄깃하게 씹힌다. 고기를 씹을 때와 비슷한 구수함이 있다. 나름의 매력이 있는 것이 수구레다. 콜라겐 덩어리지만 피부 미용과는 아무런 관련이 없다. 위와 소장에서는 그저 단백질일 뿐이다. 그거 먹는다고 해서 피부가 좋아질 일은 없다. 우유나 달걀처럼 아미노산으로 소화되고는 필요한 장기로 보내질 뿐이다. 콜라겐 관련 식품을 사는 것은 복권보다도 헛돈 쓰는 일이니, 그저 얼큰한 국밥 맛나게 먹으면 그만이다. 해장으로 좋고 여럿이 간다면 무침 또한 좋겠다. 수구레의 쫄깃함을 제대로 맛볼 수 있을 것이다.

우포늪 주변으로 식당들이 드문드문 있다. 그중에서 내 눈길을 끈 것은 논우렁이 음식점. 우포늪과 낙동강 지류가 흐르는 창녕은 논우렁이 살기에는 최적이다. 최적의 장소에서 자란 우렁이를 그냥 지나치는 것은 예가 아니기에 맛을 봤다. 혼자였기에 무침에 공깃밥을 주문할까 했는데 다행히 무침과 국을 모두 맛볼 수 있는 정식이 있었다. 1인분도 가능하다고 해 정식으로 주문했다. 삶은 우렁이의 살을 발라내 새콤하게 무쳤다. 무침이라는 것은 어찌 보면 비슷한 음식. 주인공의 식감에 따라 조금 달라질 뿐, 들어가는 채소나 양념은 거의 대동소이하다. 작년 여수에서 먹었던 준치회와 서대회의 다른 점은 식감뿐이지만, 그 차이가 궁금해 주문한 것이 무침이었다. 논우렁이 무침 역시 양념은 예상할 수 있는 딱 그 맛이다. 다만 쫄깃하게 씹히는 우렁이 살 맛이 다를 뿐이다. 나온 무침을 밥그릇에 넣고 비볐다. 우렁이와 들깻가루 넣고 끓인 국을 맛보니 묘했다. 한 입 먹고 나면 묘한 향이 감돌았다. 입 안에서 향이 사라질 즈음 그 향이 궁금해 다시 먹었다. 밥 먹고, 국 먹고 하다 보니 식사 끝. 나오면서 쥔장에게 향의 정체를 물어보니 논우렁이 특유의 향이라고 한다. 우포늪 산책 나서기 전에 한 그릇 든든하게 먹고 출발하면 좋을 듯싶다.

창녕에서는 차가운 면 두 종류를 맛봤다. 막국수와 냉면을 먹었다. 읍내 중심가에 오랫동안 사랑받아 온 막국수 집이 있다. 강원도의 막

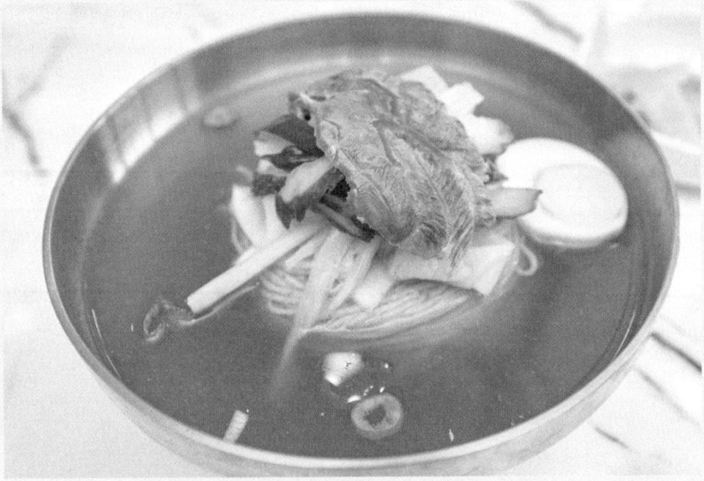
1953연남옥

대중분식당

국수와는 다른 식감과 맛이다. 면에 전분 함량이 높아 툭툭 끊기지 않는다. 가위의 도움이 조금 필요하다. 새콤한 양념을 얹어 나온다. 고추와 양파, 김치 그리고 찍어 먹을 장이 나온다. 이 장이 조금 특별하다. 고추 찍어 먹어보니 일반 쌈장과 다른 맛이 있다. 여러 견과류를 듬성듬성하게 갈아서 넣었다. 고추나 양파를 찍지 않고 그냥 장만 먹어도 괜찮다. 막국수 하나만 한다. 일찍 갔음에도 오가는 이도, 포장 손님도 많았다. 강원도 막국수와는 결이 다르다. 밀면 질감으로, 면 만들 때 밀가루 대신 메밀가루가 들어갔다고 보면 얼추 맞을 듯싶다.

평양냉면 파는 곳이 창녕에 있다. 서울에 분점을 내기도 한 곳이다. 서울로 떠나기 전 맛보기 위해 갔다. 나온 모양새를 보니 간장이 들어간 육수 같았다. 맛을 보니 한방 향이 났다. 내 입맛에는 약간 거슬렸다. 식초를 넣지 말라고 친절한 설명이 쓰여 있었지만, 설명은 참고일 뿐. 겨자와 식초 넣고 내 맘대로 먹었다. 역시 내 기준으로 먹을 때가 가장 맛있다.

상점 정보

- 삼오식당 **주소** 경상남도 창녕군 창녕읍 창녕시장길 90 **전화** 055-532-7093
- 우포랑 따오기랑 **주소** 경상남도 창녕군 유어면 우포늪길 191 **전화** 055-532-4968
- 대중분식당 **주소** 경상남도 창녕군 창녕읍 창녕대로 30-1 **전화** 055-532-8033
- 1953연남옥 **주소** 경상남도 창녕군 대합면 대합산업단지로 119-16, 1층 **전화** 070-8830-1953

경상남도 산청

봄

스쳐 지나가는 봄을 붙잡아 부쳐 낸 나물전

경상남도 산청 하면 무엇이 먼저 떠오를까? 필자는 먹는 '배'가 먼저 떠오른다. 허준과 유희태의 고장이고, 약초와 딸기가 많이 나는 것으로도 유명하지만 무조건 배가 먼저다. 2001년도였다. 초록마을을 만들면서 산지를 찾아다녔다. 그중 한 곳이 산청에 있는 선돌농원이었다. 현재는 '서 있는 돌 농원'으로 바뀌었다. 지금은 사라졌지만 저농약인증을 받은 곳이었다. 당시에는 그 인증도 드물었다. 실제로는 유기농업으로 배를 생산하는 곳이다. 20년 지난 기억이지만 여전히 또렷하다.

햇볕 따사로운 초가을 오후, 당시에는 생초면까지만 나 있던 고속도로를 타고 산청으로 향했다. 내비게이션이 없던 시절인지라 물어물어 겨우 찾아갔던 농원. 정부환 생산자를 만나 이야기를 나누고는 배나무가 있는 곳으로 갔다. 나무와 나무 사이에 평평한 돌을 깔아 어른 허리 높이까지 자란 풀이 더 자라지 못하게 했다. "풀이 있으면 벌레가 나무에 오를 일이 없어요" 하며 나무에서 배를 하나 따서 줬다. "원황입니다. 그냥 드셔보세요." "배를 안 깎아 먹어요?" 싱긋 웃기만 하며 배를 내밀었다. 껍질이 서걱서걱할 것 같아 주저하다가 그대로 베어 물었다. 신세계였다. 배 향이 입 안 가득 차고 넘쳤다. 그전까지 배를 수분과 단맛으로만 먹었다. 껍질 그대로 먹으니 배 향이 그윽했다. 겨울에 먹는 신고는 껍질을 까야 먹을 수 있지만 원황이나 황금, 한아름 등은 껍질째 먹어야 제맛임을 알았다. 그날 이후로 품종에 따라 맛이 달라진다는 것을 깨달았다. 그 당시 식품 MD 생활 6년 차였다. 이후 20년 동안 품종으로 맛을 구분하려는 내 스타일의 출발점이었다. 산청에 가면서 오랜만에 서 있는 돌 농원을 제일 먼저 찾았다.

유기농 배 농장과 농부는 여전했다.

배 농장을 나와 근처에 있는 쏘가리 양식장을 찾았다. 육식성 어종인 쏘가리는 양식이 어렵다. 그래서 자연산이나 중국산에 많이 의존하고 있다. 덕분에 가격은 항상 '시가'다. 그런 쏘가리 양식에 성공했다고 하니 안 가볼 수가 없었다. 쏘가리와 사료용 잉어·향어를 같이 양식한다. 쏘가리 부화 시기에 맞추어 잉어와 향어도 같이 부화한다. 새끼 쏘가리는 사료 대신에 작은 잉어나 향어 새끼를 잡아먹는다고 한다. 그렇게 쏘가리가 일정 크기 이상 자라면 사료를 먹인다. 쏘가리 양식이 간단하게 보여도 이 방법을 알아내고 안정화하는 데 27년

산청 오일장

이 걸렸다. 한 번은 바이러스 때문에 쏘가리가 전멸에 가깝게 폐사하는 일이 벌어졌다. 다시 횟감 크기로 키우는 데 3년이 걸렸다고 한다. 앞으로 몇 개월 뒤면 다시 출하할 수 있단다.

쏘가리 양식장을 나오는데 산청장보다는 지리산 자락에 가까운 덕산장이 볼 것이 많다고 한다. 지리산의 나물이 제일 먼저, 제일 많이 나오는 장이라 전형적인 오일장을 볼 수 있다고. 아쉽게도 덕산장(4, 9장)은 어제였다. 산청장(1, 6장)에 맞게 일정을 짰기에 덕산장은 다음을 기약했다. 진주시도 가까우니 산청장 또한 어느 정도 규모가 있겠다고 생각했는데, 오판이었다. 산청장은 생각보다 작았다. 지난번에 다녀온 창녕장 길이의 1/5 수준이었다. 조금 걷다 보니 장터가 끝났다. 실망도 잠시, 산골 장터답게 나물이 제법 보였다. 두릅, 고사리, 머위, 쑥, 달래, 엄나무, 오가피 등이 시장에 많았다. 두릅 따위는 쳐다보지도 않았다. 동행한 허영만 선생님과 친구분은 엄나무 순과 오가피 순을 사셨다. 내심 풍성한 장터를 바랐지만, 바람만큼은 아니어도 구경하는 재미가 쏠쏠한 장터였다.

장터를 둘러보면서 제피 잎만 찾았다. 전을 부쳐 먹기 위함이었다. 제피 잎으로는 매운탕이나 장아찌를 많이 해 먹는다. 필자는 제피전을 가장 좋아한다. 방금 막 부친 제피전의 향긋함은 그 무엇과도 비교할 수 없다. 오가피와 엄나무 사이에 한 바구니 담겨 있는 제피. 제피를 사면서 오가피도 사서 집으로 돌아와 전을 부쳤다. 나물전은 밀가루 옷이 많아서는 안 된다. 밀가루의 질감이 나물의 식감을 방해한다.

제피

산청 오일장

나물과 나물이 붙을 수 있는 최소한의 반죽이면 족하다. 기름을 살짝 두르고 전을 부쳤다. 제피는 향긋하다. 특유의 얼얼하면서 시원한 향이 스치듯 지난다. 이런 느낌을 싫어하는 사람도 있겠지만 이 느낌을 사랑한다. 오가피는 묵직한 존재감을 내면서도 달곰 쌉싸름함이 일품이었다. 스쳐 지나는 봄을 잠시 붙잡고는 "봄을 부쳤다". 계절 음식은 특별한 것이 아니다. 돈 만 원으로 즐긴 봄이었다.

남강이 지나는 함안과 산청에는 어탕국수 하는 곳이 많다. 금강 주변에도 어탕국수가 많지만 그쪽보다는 이쪽을 더 선호한다. 이유는 간단하다. 뭘 주고 안 주고의 차이다. 남강 주변은 제피와 방아를 준다. 걸쭉하게 끓여 낸 어탕국수에 제피 가루와 방아 잎이 빠지면 맛은 '심심' 그 자체다. 금강 주변의 어탕국수에는 이 두 가지가 빠져 심심하다. 산청 단계리에 어부가 운영하는 어탕국수 집이 있다. 꺽지회도 맛볼 수 있는 곳이다. 저녁이라면 꺽지회와 쏘가리회에 소주 한잔이 딱 맞는 곳이다. 점심인지라 회 대신 어탕국수를 주문했다. 삶은 피 땅콩이 나왔다. 피 땅콩을 볼 때마다 내가 경상도에 있음을 자각한다. 몇 가지 찬이 차려지고 이내 국수가 나왔다. 일단 국물을 맛보고는 조제에 돌입했다. 제피 가루 반 숟가락, 방아 잎 많이, 다진 마늘과 땡초 듬뿍. 화한 제피 향이 이리저리 튀는 맛이라면 방아 잎은 조용히 제 할 일을 한다. 우거지 듬뿍 든 국물에 국수를 말아 먹었다. "그래 이 맛이야, 여긴 찾아올 만하다." 허 선생님과 친구분의 의견이었다. 어탕국수 국물과 잘 어울리는 김치 또한 주연 같은 조연이었다. 큰 고기로만 끓인다고 한다. 걸쭉한 국물이 일품이다.

저녁을 먹으러 숙소에서 나와 내비게이션을 찍었다. 48km! 이미 예약을 한 터라 취소도 못 하고 굽이굽이 길을 찾아갔다. 가는 사이 일행들에게 온갖 구박을 받았다. 저녁 먹는 데 왕복 100km는 내가 생각해도 좀 심했다. 산으로 올라가던 차는 어느 계곡 앞에서 멈췄다. 어둠이 내려앉은 이런 산골에도 식당이 있을까 싶었지만, 있었다. 사람도 꽤 많았다. 메뉴는 토종닭구이. 지면을 통해 몇 번 소개했던 메뉴다. 토종닭은 으레 백숙이나 닭볶음탕으로 먹어야 한다고 생각하는데, 아니다. 토종닭은 구웠을 때 제대로 맛이 난다. 먹어본 사람은 이 말의 의미를 안다.

백조횟집

소금구이 한 마리와 양념 반 마리를 주문했다. 미리 차려진 식탁에 숯불이 들어오고 굽기 시작했다. 시장이 반찬이 아니었다. 숯불에 구운 토종닭은 맛있었다. 다만 양념은 소금구이보다 맛이 떨어졌다. 일행은 올 때와 다르게 만족스러운 눈치였다. 계곡 옆 물소리가 우리 곁을 지날 때 소주잔이 오갔다. 그렇게 밤은 깊었다. 여기서 사달이 났다. 대리를 불렀는데 산청이 아니라 진주에서 온다는 이야기다. 1시간도 넘게 기다렸다. 식사하면서 반주를 곁들인다면 대리는 미리미리 불러야 하는 곳이다. 산청은 대리 부르는 일도 일찍 끝마친다고 한다. 사는 사람이 적어지니 대리기사 또한 사라졌다. 매번 지방을 다닐 때마다 지방소멸을 피부로 느낀다.

원래 첫날 점심에 가려던 식당이었다. 막상 도착하니 예약한 손님만 겨우 받는다고 한다. 일하시는 분이 코로나19 확진으로 개점휴업 상태나 마찬가지라기에 다음 날 점심으로 예약하고 갔다. 여기를 선택한 이유는 밥 때문이었다. 여느 식당처럼 공깃밥이 아니라 밥을 바로 퍼서 낸다. 게다가 산나물 몇 가지가 찬으로도 나온다. 봄을 즐기기에 딱 맞는 곳이었다. 두부며, 전이 나오고 찬이 차려진다. 밥과 시락국이 나왔다. "우리 집은 시락국이 맛있어요." 권장의 이야기가 맞았다. 다른 음식 또한 훌륭했어도 시락국에 미치지 못했다.

여러 가지 나물을 넣고 밥을 비볐다. 담근 고추장을 내주면서 1.8ℓ짜리 병을 내민다. 참기름이다. 어제 짠 건데 손이 바빠 미처 나누지 못했다며 어쩔 줄 몰라 했다. 참기름 조금에 온갖 나물을 넣고 비볐다.

거림계곡펜션식당

산청 지리황식당

산나물비빔밥이라는 게 보통은 묵나물로 많이 한다. 여기도 묵나물이 나왔지만, 찬으로 나온 두릅이며 엄나무 순도 함께 넣고 비볐다. 한 숟가락 크게 떠서 입 안에 넣고는 봄을 씹었다. 벚꽃은 지고 배나무는 꽃을 피웠다. 꽃이 바뀌면서 또 한 차례의 봄은 가고 있었다.

상점 정보

- 선돌농원 **주소** 경상남도 산청군 단성면 석대로 167-18 **전화** 010-4873-4537
- 김진규 쏘가리 연구소 **주소** 경상남도 산청군 단성면 덕천로 835-20 **전화** 055-973-5777
- 백조횟집 **주소** 경상남도 산청군 신안면 원지강변로 **전화** 055-972-8724
- 거림계곡펜션식당 **주소** 경상남도 산청군 시천면 세석길 201 **전화** 055-972-1061
- 산청 지리황식당 **주소** 경상남도 산청군 금서면 구형왕릉로 52-9 **전화** 055-973-6395

전라북도 부안

봄

밀물과 썰물 사이,
꽃게찜의 진한 향이 파고든다

오일장이 서지 않는 지역이 몇 곳 있다. 지난 80개의 시장 기사 중 서산, 강릉은 오일장이 없는 동네였다. 아직 취재하지 않은 속초와 이번에 다녀온 부안 역시 오일장이 없다. 전국에서 열리던 오일장은 물류가 발전하며 대다수 상설시장으로 대체되었다. 필요하면 열리고, 필요 없으면 사라진다. 사람이 사는 곳은 어떤 형태로든 장이 열린다. 매일, 혹은 5일, 그마저도 힘들다면 10일에 한 번이라도 말이다. 예전에는 일 년에 서너 차례 이상 다닐 정도로 부안 출장이 잦았다. 이번에 부안을 선택한 것은 장터 구경도 구경이지만 계화농협에서 생산하는 '남선'이라는 감자를 보기 위함이기도 했다. 올해로 3년째 씨감자 생산 중이었고 내년에 드디어 본격 생산이라고 한다. 6월 말 수확하면 맛볼 것을 조금 보내준다고 하니 6월이 벌써 기다려진다.

거의 20년 전 초록마을 시절, 정월 대보름이나 고구마 캐기 등 행사를 주로 부안에서 했다. 부안군 하서면에서 작목반과 잡곡 생산을 함께했기에 10년 동안 이래저래 매년 몇 번씩 출장을 다녔다. 부안 잡곡은 맛이 좋다. 서해의 서늘한 기운이 잡곡의 단맛을 높였기에 내륙의 어느 지역에서보다도 질 좋은 잡곡이 난다.

그 시절의 부안 바다는 풍부했다. 동진강, 만경강에서 내려오는 민물이 바다 생물에게 풍부한 먹이를 내줬다. 김제와 부안의 개펄에는 바지락이며 백합 조개가 지천이었다. 하서면에서 격포항까지 들어가던 길 따라 넓은 바다가 있었고 그 중간에서 한창 새만금이 공사 중이었다. 2006년 4월 물막이가 끝나고부터 바다는 그대로였지만, 내가 알던 바다는 아니었다. 숨을 제대로 쉬지 못한 바다는 품고 있던 생명체를 죽은 채로 토해냈다. 그렇게 16년이 흘렀다.

부안 상설시장에는 수산물이 많았다. 싱싱한 조개며, 갑오징어가 손님을 유혹했다. 가게마다 '생합'이라고 쓰인 팻말이 보였다. 생합, 상합, 참조개 등 여러 사투리가 있다. 본명은 '백합'이다. 백합 옆에는 속 꽉 찬 바지락 또한 존재감을 드러내고 있었다. 부안 여행하면서 두 집 건너 하나 있는 것이 죽 집. 지금은 죽 파는 곳이 더 많아졌다. 백합죽이나 바지락죽을 판다. 반가운 마음에 여기 건지 물으니 돌아오는 대답은 "No." 이웃한 고창과 군산에서 오는 것이다. 백합은 강물과 바닷물이 만나는 곳에서 난다. 펄에 모래가 많이 있어야 백합 질이 좋다. 바다는 넓은 둑에 막혀 어쩌다 수문 열 때만 강을 만난다. 강물은 산에서 만들어진 모래를 바다로 흘려보낸다. 그 덕에 모래가 바다에 쌓인다. 강물도, 모래도 없기에 백합이 살지 못한다. 아울러 모래나 잔돌이 있어야 하는 바지락 또한 부안의 바다에서 사라졌다. 인간의 욕심이 끝없이 내주던 황금알 낳는 거위의 배를 긴 둑으로 갈랐다. 시장 끝에서 뒤돌아 가던 길, 상인의 말이 귀에 꽂혔다. "금빛 바다가 똥빛 바다가 되면서 내주는 것이 없소."

시장 구경하던 날, 가는 날이 장날이라고 매달 첫 번째 일요일은 쉰단다. 상설시장인지라 사전 체크를 하지 못했다. 다만 수산물 시장은 열려 있었다. 몇 가지 수산물을 보고서는 지갑을 열까 말까 고민을 했다. 산란을 앞둔 꽃게가 좋아 보였지만 선뜻 다가서지 않고 구경만 다녔다. 어제 변산 해수욕장에서 맛본 꽃게찜 때문이었다. 숙소를 잡으며 탐색하다가 편하게 숙소 옆 횟집을 예약했다. 직전 출장지인 산청에서 대리운전 때문에 속 썩은 것이 있어 가능한 대리 기사는 부르

부안 상설시장. 첫째 주 일요일에 쉰다.

백합, 꽃게

지 않으려고 했다. 패착도 그런 패착이 없었다.

꽃게로 하는 음식은 게장, 매운탕, 매운 찜이 있다. 앞선 음식보다 간단하지만, 가장 맛난 요리는 싱싱한 꽃게를 그대로 찐 것이다. 혹자는 간장게장이 밥도둑의 전설 급이라고 한다. 그냥 찐 꽃게찜 앞에서는 그냥 좀도둑일 뿐이다. 게, 새우, 조개 등은 회로 먹는 것이 가장 맛없게 먹는 방법이라 생각한다. 그다음이 간장에 절여 먹는 것이다. 이유는 이렇다. 갑각류는 열을 받아야 제대로 향을 낸다. 향이 없는 음식은 차별점이 별로 없다. 간장게장은 게 향이 아니라 간장의 향과 간으로 먹는 음식이다. 그 이상도 이하도 아니다. 꽃게를 찌면 밥은 기본이요, 술 도둑이다. 특유의 진한 게 향이 식욕을 마구마구 자극한다.

그런데 향 없는 찜을 만났다. 아마도 수조에 몇 날 며칠 있었던 녀석인 듯싶다. 찌는 시간을 고려해서 숙소에서 미리 주문했다. 식당에

꽃게찜

가서 앉아 있으니 잠시 후 음식이 나왔다. 껍질 속 내장은 밝은 빛을 잃은 채였고 비린내가 났다. 향이나 단맛이 사라진 살 또한 식욕을 자극하지 못했다. 다른 것을 주문해서는 먹는 둥 마는 둥 하다가 나왔다. 전날의 안 좋은 기억 탓에 쉽게 꽃게를 사지 못했다.

이제 갈까 하는 순간, 한 집에서 얼음에 채워 막 들여오고 있는 꽃게가 보였다. 바로 다가가 2kg 주문. 같이 간 이가 멀뚱멀뚱 보고 있기에 바로 사라고 했다. 육지에서 맛볼 수 있는 최고의 꽃게가 바로 네 앞에 있는 것이라고 하면서 말이다. 인천 소래포구나 여느 항구에서 타이밍이 맞으면 살 수 있다. 수조에 들어가지 않은 꽃게는 훨씬 맛이 좋다. 까닭은 간단하다. 오래 보관하지 않았기 때문이다. 그날 저녁에 문자가 왔다. "가족들 모두 인생 최고의 꽃게를 맛봤다." 7~8월 금어기를 앞둔 5월, 꽃게 먹기에 딱 좋은 시기이다. 꽃게든 대게든 같은 돈이라면 보관 수조에 들어가기 전에 사는 게 가장 맛있다. 다만 운과 타이밍이 따라야 한다.

진짜 우연히 들어갔던 식당이었다. 2008년 정도였을 것이다. 부안에 폭설이 내렸던 연말에 친한 이들과 가족 여행을 떠났다. 대설주의보와 함께 맞은 새해였다. 이틀 동안 더 부안에 머물면서 내소사를 찾았다. 내소사 가는 삼거리를 지날 즈음 '신사와 호박'이라는 식당 간판이 눈에 띄었다. 내소사 구경을 마치고 들어갔다. 밥을 주문하고 앉으니 나오는 데 한참이 걸렸다. 이 집은 주문한 사람의 수에 맞춰 그때그때 밥을 새로 하기 때문이었다. 밥 기다리기를 20분 남짓, 찬이

(왼)신사와 호박 (오)원조 해물칼국수

차려지고 이내 밥이 나왔다. 솥에 밥을 하는 사이 찬을 무치고 생선을 구웠기에 찬의 맛이 하나하나 살아 움직였다. 같이 간 이들 모두 만족스러운 식사를 했다. 그 이후로 내 머리와 마음속에서 가장 맛있는 '밥' 집이 되었다. 부안으로 취재 일정이 잡히니 가장 먼저 떠올랐다. 김 나는 밥에 김장아찌 올려 먹는 상상을 했다. 이 집 김장아찌가 요물 중의 요물이다. 먹은 사람들 대부분이 김장아찌를 사 갈 정도다.

서울에서 부안까지 가는 데 5시간 넘게 걸렸다. 2년 만에 일상으로 돌아온 사람들이 주말이면 다들 길을 나서는 덕에 차가 막혔다. 십몇 년 전, 우연히 갔던 식당이 여전히 있었다. 밥이 밥이지, 하던 친구도 밥과 찬을 먹기 시작하면서 간혹 감탄사만 낼 뿐이다. 열 가지 정도 되는 반찬을 먹다 보면 밥이 금세 사라진다. 한 가지 함정이 있다. 앞서 이야기했듯이 사람 수에 맞춰 밥을 하기 때문에 공깃밥 추가가 안 된다. 다만 솥에 누룽지가 있기에 아쉬움을 달랠 수 있다.

부안을 떠나기 전 메밀국수를 먹을 생각이었다. 메밀 하면 강원도, 요새는 제주도도 많이 알려져 있다. 사실, 메밀은 전국 어디에서나 난다. 다만 두 곳이 유명할 뿐이다. 부안 또한 메밀 농사를 짓는다. 부안 산 메밀로 국수를 내는 곳이 있다 해서 찾아가려고 했다. 가면서 전화를 하니 몸이 좋지 않아 잠시 문을 닫았다고 한다. 며칠 입원했다가 퇴원하고 나서 문을 연다고 한다. 시간을 보니 더 지체했다가는 서울 올라가는 길 내내 정체와 함께할 듯싶었다. 빠르게, 맛나게 먹을 것이 부안에는 차고 넘쳤다. 바로 생각난 건 바지락죽. 시기상으로도 가장 맛이 오를 때이기에 바로 선택했다.

주문하고 얼마 지나지 않아 죽이 나왔다. 죽 위에 푸른 가루가 올려져 있었다. 녹차 가루보다는 색이 밝았다. "무슨 가루인가요?" "새싹보리요." 아하! 참으로 궁합이 맞아떨어진다는 생각이 들었다. 조개와 흰쌀에서 부족한 것은 바로 '식이섬유'. 음식 궁합에서 가장 중요한 것은 모자람을 채워주는 것. 그 원칙에 딱 맞았다. 죽도 맛있었지만, 찬으로 나온 김치가 죽과 잘 어울렸다. 부안에 갈 때마다 자주 먹던 바지락죽이지만 이날 가장 맛나게 먹었다. 부안 사람들도 비싼 백합죽 대신 바지락죽을 즐겨 먹는다고 한다.

상점 정보

- 신사와호박 **주소** 전라북도 부안군 진서면 청자로 622-40 **전화** 063-581-6840
- 원조 해물칼국수 **주소** 전라북도 부안군 진서면 청자로 912 **전화** 063-582-0908

봄

함안 장터에서 만난 수박, 여름과 봄의 교차점

5월의 중순, 봄과 여름이 교차한다. 봄것은 내년을 기약하며 들어가고 있었다. 여름것은 겨우 모양만 갖춘 것들이다. 과학 기술로 농사를 짓더라도 아직 제철 농산물의 맛은 따라가지 못한다.

2000년도부터 전국 출장을 다녔다. 지금은 시장 출장이 대부분이지만 그때는 산지 출장이 대부분이었다. 그때부터 지금까지 다녀본 거리를 대충 따지면 100만 km쯤 되지 않을까 싶다. 새 차를 산 적이 있다. 주행거리 0으로 시작한 차가 5년 뒤에는 36만 km였다. 기차로 다닌 것을 제외하더라도 말이다. 제주도는 적어도 수십 번을 갔으니 100만 km, 그 언저리가 되지 않을까. 그런데 그렇게 다녔음에도 여기는 간 적이 없다. 그 당시 마산(지금은 창원)에서 통영과 거제를 가는 길에 이곳에 내려 점심 먹은 기억만 어렴풋이 있다. 그랬던 곳, 경상남도 함안 오일장이다.

함안에선 여러 가지 특산물이 난다. 5월부터 함안은 수박이다. 수박으로 이름난 곳이 많은데, 그중 함안이 빠지면 섭섭하다. 전국 시설재배 수박의 17% 정도를 함안이 책임지고 있다. 여름과 겨울 상관없이 사시사철 수박이 나는 곳이 함안이다. 50대인 필자에게 여름은 수박의 계절이었다. 여름이 되면 수박 고르는 요령이 신문이나 TV 뉴스에 나왔다. 두드려서 맑은 소리가 나는 것, 꽃 떨어진 자리가 작은 것, 검은 줄무늬가 짙은 것 등등 매년 토씨만 다르게 반복했다. 지금도 가끔 그렇게 고르라고 하지만 이제는 그럴 필요가 없다. 전국 대부분 수박 산지가 시설재배다. 하우스에서 재배한다는 이야기다.

수박의 어원에 대해 명확히 밝혀진 바는 없다. 박과 식물 중에 물이 가장 많은 박이란 것은 분명하다. 수박은 91% 이상이 수분이다. 수박을 수확하기 대략 일주일에서 열흘 전에 하우스에 물 공급을 중단한다. 물이 끊긴 수박은 자연스레 당도가 올라간다. 비가 오더라도 노지에 비해 하우스는 그 영향이 작다. 요새 수박은 다 달기에 그냥 먹기 좋은 크기로 고르면 된다. 다만 꼭지를 봐야 한다. 꼭지가 싱싱한 것과 마른 것 중에서 필자는 마른 것을 고른다. 수박은 수확하고 일정기간 지난 것이 당도가 좋다. 같은 조건이라도 수분이 적은 것이 당도가 좋다. 아무것도 모르는 이들이 싱싱한 꼭지를 보고 사 간다.

함안 오일장은 5, 0이 든 날에 열린다. 함안 말이산 고분군도 가까이 있어 시장과 고분을 같이 구경할 수 있다는 장점이 있다. 가야시장과 나란히 장이 선다. 가운데 공원을 두고 평소에는 차가 다니는 길에

적당히 꼭지가 마른 것이 당도가 높다.

장이 선다. 차도에는 장사하는 사람들이, 가운데 공원에는 이웃 마을에서 나온 할머니들이 봇짐을 풀고 있다. 기다란 시장 따라 구경하는 재미가 쏠쏠하다. 우선 탐색부터 한다. 처음 간 시장은 탐색이 먼저다. 이른 아침에 나오셨는지 따사로운 햇살 아래 손님을 기다리던 할머니가 잠시 졸고 있다. 옆에 있는 할머니는 또 그러는구나 하는 표정이었다. 할머니들은 손님이 오면 장사를 하다가 손님이 돌아가면 이야기 삼매경이다. 팔면 좋고 안 팔아도 상관없다는 표정들이다. 수박을 사갈까 하다가 어제 농협에서 본 까만 수박을 살 생각으로 미뤘는데 이마저도 잊어버렸다.

시장 한편에 하동산 고사리가 있다. 봄 기온이 낮고 비가 오지 않아 고사리 값이 금값이라 한다. 고사리를 보면 고사리를 좋아하셨던 엄마 생각이 절로 난다. 육개장 생각도 난다. 육개장 할 때 고사리가 빠지면 그냥 국밥이 되기 때문이다. 육개장에는 고사리와 토란대가 필수다.

장터는 여름과 봄이 교차하고 있었다. 제피 잎이 보이기에 욕심부려 많이 샀지만, 잎도 너무 크고 봄날의 산청에서 샀을 때와 달리 향도 약했다. 개시라 좋아하면서 웃음 띤 할머니의 얼굴을 봤으니 그걸로 만족했다. 옻 순과 가죽 순 중에서 옻 순을 샀지만, 가죽 순을 사야 했다. 옻 순도 쓴맛만 가득했다. 시장 구경 다니면서 '아 이제는 여름이 시작되는구나' 하는 것이 보였다. 봄과 여름의 시작을 알리는 것은 각각 씨감자와 고구마 순이다. 장터에 씨감자가 보이면 봄 시작이고, 고구마 순이 보이면 여름 시작이다. 봄에 심었던 감자가 나올 무렵 고구마는 한창 자라고 있다. 감자 수확이 끝날 때 고구마 수확 시기와 함께 가을이 우리 곁에 와 있을 것이다.

지난번 창녕 오일장에서 수구레국밥 이야기를 했다. 우시장과 도축장이 있던 지역의 식문화가 고깃국이다. 장터국밥이라는 이름으로 가맹점까지 생길 정도로 대중화한 음식이다. 빠르게 먹을 수 있는 음식으로 일본에 카레나 우동이 있다면 우리나라에는 설렁탕, 곰탕, 국밥 등이 있다. 우시장이 있던 함안 또한 국밥이 남아 있다. 함안역이 있는 함안면에 시장은 사라졌지만 국밥 집은 남아 있었다. 장날이 일요일이라 토요일 오후에 도착해서 가보니 세 국밥 집 모두 개점휴업 상태. 재료가 떨어져 손님을 더 이상 받지 않고 있었다. 다시 읍내로 가서 방아 잎을 잔뜩 넣고 추어탕을 먹을 생각이었다. 그마저도 먹지 못했다. 추어탕 집도 문을 닫았기 때문이다. 그다음으로 생각했던 숙소와 가까운 국숫집도 문을 닫았다. 읍내를 몇 바퀴 돌았다. 무언가 느낌이 오길 바라면서 말이다.

눈에 들어오는 간판의 단어, '밀면'. 생각해 보니 시장 다니면서 밀면은 먹은 적이 없었다. 밀면 또한 시원한 맛을 더해 먹는 냉면의 일종. 시원한 육수에 매콤한 양념장, 쫄깃한 면발이 어울리는 음식이다. 이북식 냉면과 결이 다른 맛이 경남과 부산의 밀면이다. 들어가 밀면 하나를 주문했다. 비빔과 물밀면과 만두, 세 가지만 한다. 만두는 주문하려다가 말았다. 메밀만두라지만 공장 생산 만두를 그 가격 주고 먹을 생각은 없다. 전국에 있는 메밀만두 대부분이 공장에서 만든 것을 데워 나올 뿐이다. 가격은 수제 만두 수준이지만 말이다. 돌고 돌아 선택한 밀면은 만족스러웠다. 밀면에서 기대할 수 있는 딱 그만큼의 맛이었다. 다만 수육이 없어 아쉬웠을 뿐이다.

다음 날 장터 구경을 끝내고는 차로 5분 거리에 있는 국밥 거리로 갔다. 국밥 거리라고 해봤자 세 집뿐이다. 한 집을 골라 들어갔다. 두 번째 손님이었다. 육수를 내는 솥과 커다랗게 쌓인 콩나물이 눈에 띈다. 주방 앞에는 덜어낸 육수와 콩나물을 넣고 끓이는 작은 솥이 있다. 고기와 콩나물 조합의 육수가 함안 국밥의 맛이다. 국물을 맛봤다. 얼큰함이 좋다. 커다란 고기도 제법 들어 있다. 몇 번 먹다 보니 옆집의 맛은 과연 어떨까 하는 궁금증이 밀려왔다. 무슨무슨 거리에 가면 있

아라밀면

한성식당

대구식당

는 수많은 식당 중에서 어느 집이 제일 맛있을까 늘 생각한다. 필자는 아무 데나 줄 서지 않는 곳에 들어간다. 굳이 시간 들여서 먹을 이유는 없다고 생각한다. 두 번째 집에서 국밥을 주문했다. 만드는 방식은 옆집하고 같다. 나온 국밥의 국물을 맛봤다. 첫 번째 집보다는 부드러웠다. 내용물은 얼추 비슷하다. 첫 번째 집은 국물이 매콤했고, 두 번째 집은 덜 매웠다. 해장용이라면 두 번째, 얼큰한 것이 생각날 때는 첫 번째 집을 선택할 듯싶다. 어디가 더 맛있는지는 중요하지 않다. 둘 다 맛있고 맛의 차이가 미묘할 뿐이다.

첫날 점심으로 선택한 것은 비빔밥이었다. 전주비빔밥, 진주의 육회비빔밥과 하동의 헛제삿밥이 유명하다. 지역마다 맛난 곳이 많지만 대표적으로 그렇다. 함안에도 비빔밥 맛있는 곳이 있다. 손님이 한 명이어도 비빔밥을 주문하면 막 부친 정구지전을 내준다. 정구지전 때문에 간 것은 아니다. 비빔밥을 먹는 환경이 다른 곳과 사뭇 달랐다.

메뉴를 이야기하지 않으면 조용히 브런치 먹으면서 이야기 나눌 만한 분위기였다. '이런 곳에서 비빔밥을?' 호기심에 끌려서 갔다. 비빔밥을 주문하니 앞서 이야기한 정구지전 한 장과 찬이 차려졌다. 이어 비빔밥이 나왔는데, 다른 곳과 달리 고추장이 없다. 대신 양념간장이 밑에 깔려 있다. 비비다 보니 모자라서 조금 더 청했다. 간장, 고추장, 파, 고추를 넣고 만든 양념장이다. 맛을 보니 콩나물비빔밥과 같은 맛이 났다. 콩나물비빔밥 또한 양념장으로 비비기 때문일 것이다. 마파람에 게 눈 감추듯 사라졌다. 약간 허기진 것도 있지만 생각했던 것

비빔밥을 주문하면 전을 바로 부쳐준다.

마틴 베이커리

보다 훨씬 맛났다. 이제 함안 하면 수박보다 여기 비빔밥을 먼저 떠올릴 듯싶다. 함안에 간다면 잊지 말아야 할 것이 있다. 함안 '불빵'이다. 도깨비 모양을 한 빵인데, 전국에서 맛본 빵 중에서 단연 지역 특산물을 잘 활용해서 만들었다. 모양만 따라 한 것과 차원이 다르다. 커피와도 잘 어울린다. 잊으면 손해다.

◇◇◇◇◇

올라오는 길 잠시 밀양에 들렀다. 회사에서 계약 재배한 초당옥수수 산지가 거기 있었기 때문이다. 초당옥수수 보러 가는 사이 보리밭이 황금색으로 물들고 있었다. 초당옥수수 맛을 봤다. 벌써 여름이 온 듯, 달콤한 맛이 입 안에 가득 찬다.

상점 정보

- 아라밀면　**주소** 경상남도 함안군 가야읍 중앙남길 25 **전화** 055-583-1882
- 대구식당　**주소** 경상남도 함안군 함안면 북촌2길 50-27 **전화** 055-583-4026
- 한성식당　**주소** 경상남도 함안군 함안면 북촌2길 42 **전화** 055-584-3503
- 문득그리움　**주소** 경상남도 함안군 산인면 산인로 164 **전화** 055-583-1666
- 마틴 베이커리　**주소** 경상남도 함안군 산인면 송정리 791-4 **전화** 055-582-0011

2장, 여름

청량하고 향긋한 계절의 맛

전라남도 신안

여름

6월의 맛을 진주처럼 품은 1004의 섬

6월 초, 전라남도 신안군의 섬 지도로 오일장 취재를 떠났다. 6월에 신안을 선택한 이유는 뭐니 뭐니 해도 새우젓 때문이다. 양파, 마늘 등 취잿거리가 많지만 매주 금요일마다 열리는 새우젓 경매장에 가기 위함이었다. 전국의 많은 젓갈 단지에 공급하는 새우젓은 신안과 목포 그리고 강화도에서 난다. 오랜만에 신안행이다. 강연하러 간 적도 있고, 다큐멘터리와 예능 프로그램을 찍으러 간 적도 있지만, 그래도 소금과 무화과 때문에 자주 갔었다. 마지막으로 갔을 때는 지도에서 배 타고 임자도에 들어갔다. 이번엔 지도 앞 수도를 중간 기점으로 한 다리를 건너 편하게 임자도에 다녀왔다. 임자도뿐만 아니라 압해도와 암태도를 연결한 1004교를 건너 자은도와 안좌도까지 두루두루 다녔다. 몇 년 사이, 섬은 육지가 되고 있었다. 가본 신안의 섬 중에서 유독 기억이 강렬했던 곳은 만재도였다. 고생도 고생이었지만, 그림 같은 풍경이 10년이 지난 지금도 생생하다.

금요일 새벽길을 달려 지도에 도착하니 새우젓 경매가 한창이었다. 오랫동안 알고 지내던 사장님과 경매장에서 만났다. 새우젓과 소금 사업을 하시는 분이다. 2003년에 신안에서 뵙고는 가끔 연락하며 지냈다. 새우젓 경매장에서 이런저런 이야기를 들었다. 재작년 천만 원 넘었던 육젓이 작년엔 몇백만 원으로 떨어졌다는 이야기, 붉은빛 띠는 돗대기새우는 멀리 강화도까지 가서 잡아왔다는, 그래서 이 녀석은 보통 추젓으로 판다는 이야기를 하면서 회포를 풀었다.

새우젓은 잡히는 시기에 따라 분류한다고 알고 있다. 육젓, 오젓

이런 식으로 말이다. 맞는 말이다. 하지만 하나만 알고 둘은 모르는 이야기다. 잡는 시기에 따라 잡히는 새우도 달라지기 때문이다. 멀리 강화에서 잡아 온 새우는 붉은빛 나는 돗대기새우다. 신안 근처에서 잡힌 새우는 하얀빛이 도는 젓새우다. 가격도 하늘과 땅 차이, 돗대기새우는 한 드럼에 50만 원 내외, 신안에서 잡은 것은 300만 원 내외다. 새우의 종류에 따라 새우젓의 맛이 달라진다고 한다. 그러니 잡는 시기에 따라서도 마찬가지다. 필자는 그보다 새우를 숙성한 시간에 따라 맛이 달라진다고 생각한다. 숙성의 시간이 쌓일수록 새우젓이 맛있어진다.

지도 오일장에 맞추어 간 것은 맞지만 기대는 하지 않았다. 무안 오일장 취재 때 지도까지 들어갔다 온 적이 있다. 일부러 간 것은 아니고 증도에서 강연이 있었기 때문이었다. 증도에서 나오던 길에 지

새우젓

도 오일장이 열려 있어서 잠시 구경했다. 섬이 많은 신안군에서 유일하게 열리는 오일장이지만 규모가 무척 작았다. 이번에도 구경만 잠깐 했다. 살 것도, 볼 것도 없었다. 예전에는 농번기가 아니어서 그나마 할매들 몇몇이 앉아 있었는데, 이번에는 양파·마늘 수확기와 겹쳐서 몇몇 나와 있던 할매들도 보이지 않았다. 이곳저곳 양파밭이나 마늘밭으로 일을 나간 탓이다.

오일장이 작다고 서운하지는 않았다. 새우젓 경매를 보고 간 수산시장에서 신안이 내주는 6월의 맛을 실컷 구경했다. 수산 시장의 주인공은 병어였다. 병어 큰 것을 보통 덕자라고 한다. '덕자'라는 어종이 따로 있다고 설명하는 이들이 있는데 잘못 알고 떠드는 것이다. 병어과에는 병어와 덕대 두 종이 있다. 진짜 구별하기 힘들 정도로 비슷하게 생겼다. 머리 쪽의 특정한 무늬로 구별하라고 하지만 별 소용이 없다. 선도에 따라 무늬가 사라지기 때문이다. 정확한 것은 꼬리지느

병어

러미를 보면 대충 알 수 있다. 아래 꼬리지느러미 길이가 위보다 길면 덕대다. 두 지느러미 길이가 비슷하면 병어다. 어류도감에는 덕대보다 병어가 더 맛있다고 한다. 하지만 필자 생각에는 구별하기 힘든 것을 구별하려다가 지칠 듯싶다. 지금껏 맛나게 먹었던 병어가 덕대였다 해도, 그냥 평소처럼 마음 편하게 병어려니 하고 먹으면 된다. 시장에 나오는 병어는 대부분이 덕대다. 시장에서 꼬리지느러미만 보고 다녔다. 크기에 따라 분류는 되어 있어도 덕대와 병어에는 구별이 없었다. 몇 마리 사 와서 찜을 해봤다. 두 종의 차이가 없다. 병어, 덕대 구별 말고 맛나게 먹으면 그만이다. 병어는 한여름에 산란한다. 이 시기가 먹기 딱 좋을 때이다. 어시장에는 딱돔이라 불리는 군평선이가 저렴한 가격에 나와 있었다. 그냥 지나쳤다. 지금이 산란기라 맛이 별로다. 지금 신안에 간다면 병어와 민어를 즐기기에 좋다. 민어도 산란을 준비하고 있는 지금이 가장 맛있다. 알배기와 산란 직후의 생선이 가장 맛없다.

신안을 가면서 이건 꼭 먹어야지 했던 것이 '농어간국'. 말린 농어를 맑게 끓인 국이다. 태안의 우럭젓국과 비슷한 음식이다. 간을 해서 말린 생선은 모두 간국의 재료가 된다. 말린 민어나 장어도 간국의 재료가 된다. 말린 생선은 싱싱한 것과 달리 감칠맛이 몇 배나 좋다. 예전에 인천 앞 승봉도에 간 적이 있었다. 민박집에서 맛본 농어간국이 10년이 넘도록 기억에 강렬하게 남아 있다. 우럭젓국도 "형님" 하고 갈 정도의 맛이다. 지도에서 일보고는 간국을 파는 자은도까지 두 시

사월포횟집

간을 달려갔다. 굽이굽이 해안 도로와 섬을 연결하는 다리를 건너갔으나 모든 게 허사였다. 신안의 간국은 겨울 한정 메뉴였다. 목포에도 간국이 있는데 한여름에 목포에서 우럭간국을 먹은 적이 있다. 그 기억 덕분에 아무 생각 없이 식당을 찾아가는 실수를 했다. 찾아간 작은 포구에는 그 식당이 유일했다. 점심때가 지났기에 다시 몇십 킬로를 돌아 나갈 생각하니 막막했다. 찬찬히 메뉴판을 보다가 갑오징어숙회를 주문했다. 갑각류나, 오징어 등의 연체동물은 날 것보다는 익힌 것이 더 맛있다. 갑오징어숙회에 양파김치를 더해 먹으니 그나마 농어간국을 먹지 못한 아쉬움을 달랠 수가 있었다. 초밥도 있다. 그날그날 올라오는 회가 달라진다고 한다. 내가 갔던 날은 농어였다. 자연산 농어 초밥이 한 접시에 1만 5천 원이다.

솔섬식당

안성식당

지면을 통해서 몇 가지 못생긴 생선을 소개했다. 한반도 바다 어디에서나 나는 아귀를 비롯해 동해 고무꺽정이(망치)와 미거지(곰치), 남해의 쑤기미(쐐미), 꼼치(물메기)가 있다. 서해에도 이들과 견주어 절대 못생김에서 밀리지 않는 생선이 있다. 바로 보통 삼식이라 부르는 삼세기다. 가을 산란기에 갯바위로 몰려오는 습성이 있다. 늦가을 서해 갯바위에는 긴 장대를 가진 이들이 돌아다닌다. 산란하러 온 삼세기를 잡으려는 사람들이다. 삼세기는 앞서 언급한 못생긴 생선 중에서 매운탕으로는 최고봉이 아닐까 한다. 시원한 국물과 구수한 살맛이 다른 생선과 급이 다르다. 우럭매운탕을 끓일 때 삼세기 한 마리를 넣는 순간 국물의 격이 달라질 정도다.

신안 지도에 삼세기매운탕을 전문으로 하는 곳이 있다. 많이 잡힐 때는 선어로 매운탕을 끓이고 잘 잡히지 않는 이 시기는 냉동한 것을 사용한다고 한다. 매운탕이 나오고 이내 끓기 시작한다. 바로 먹을 수는 있지만, 매운탕 먹을 땐 조바심을 경계해야 한다. 조금 더 진득하게 끓여야 비로소 제맛을 낸다. 집된장을 사용해 색이 조금 짙다. 대신 된장의 구수한 맛이 더해져 국물이 끝내준다. 신안에서 해장이 필요할 때, 혹은 해장하며 술 마시고 싶다면 삼세기매운탕이 제격이다.

낙지, 민어, 병어, 새우, 농어 등등 신안의 바다가 내주는 것에 이 녀석이 빠지면 섭섭하다. 신안의 수많은 섬에는 주변이 진흙 펄인 곳도 있지만 모래와 펄이 섞여 있는 곳도 꽤 많다. 모래 섞인 펄에서는 조개 중의 조개, 백합이 난다. 오래전부터 신안군에서 지속적으로 방류 작업을 한 덕에 이젠 제법 많이 난다. 한여름 전에 신안에 간다면 꼭 먹어야 할 음식이 백합탕이다. 맹물에 백합과 땡초만 넣고 끓인 건데 얼큰하면서도 시원한 국물을 맛볼 수 있다. 국물을 훌훌 마시다 보면 칼국수나 라면 사리 생각이 간절해진다. 바지락이나 동죽처럼 말랑한 살이 아니라 쫄깃한 식감이 백합의 맛이다. 살만 발라내어 초장에 찍어 먹거나 그냥 먹어도 백합 자체에 간이 되어 있어 좋다.

◇◇◇◇◇

신안군 곳곳을 연결하는 다리가 놓이고 있다. 신안 구경하러 다니기가 점점 좋아지고 있다. 6월의 맛을 즐기기에 딱 좋은 곳, 1004의 섬 신안군이다.

상점 정보

- 초록섬 마하탑 **주소** 전라남도 신안군 임자면 전장포길 182 **전화** 031-403-2678
- 사월포횟집 **주소** 전라남도 신안군 자은면 사월포길 207-2 **전화** 061-271-3233
- 솔섬식당 **주소** 전라남도 신안군 지도읍 송도2길 45 **전화** 061-261-1895
- 안성식당 **주소** 전라남도 신안군 증도면 증도중앙길 43 **전화** 061-275-0829

경상북도 고령

여름

땀 나는 시장에서 시원한 '우무리카노' 한 잔

6월 마지막 취재 예정지는 경상북도 의성이었다. 자두가 많이 나는 곳으로 6월에 딱 알맞은 곳이다. 새콤달콤한 자두도 좋지만, 일단은 일이 먼저였다. 봄부터 애타게 찾았던 하령 감자가 고령에 있다는 소식을 듣고 5월에 고령을 찾아갔다. 그리고 판매를 위해 계약을 추진했다. 그때 계약한 감자 수확이 한창이라는 이야기에 의성은 다음으로 미루고 고령으로 향했다.

낙동강변에 위치한 고령. 풍부한 수량, 모래가 많은 토질 덕분에 감자 농사가 잘되는 곳이다. 보통 감자 하면 강원도를 떠올린다. 그건 한여름 이야기고, 6월은 경북이다. 감자 산지는 경북의 평야 지대부터 시작해 7, 8월 백두대간을 타고 위로 올라간다. 강변 옆 감자밭에서는 한창 수확 중이었다. 감자 줄기를 걷어내고 트랙터가 지나간 자리에 굵직한 감자가 햇볕 아래 모습을 드러낸다. 고랑 사이에 자리 잡

초여름 고령은 감자의 고장이다.

고령 오일장

은 일꾼들의 부지런한 손놀림으로 바구니에 감자가 차곡차곡 쌓이고 있었다. 수확한 감자는 큰 망에 담아 창고에 보관한다. 보관 중에 건조하고는 시장에 낸다. 분질 성질인 하령 감자 몇 개를 얻어왔다. 비교하기 위해 반찬용 점질 감자도 고령장에서 사 왔다. 집으로 돌아와 감자를 삶았다. 속 노란 하령 감자를 입에 넣으니 큰 덩어리가 작은 덩어리로, 더 작은 덩어리, 더더 작은 덩어리로 갈라진다. 씹을 것도 없이 부서진다. 점질 감자인 수미나, 같은 분질 감자인 두백 품종과도 비교 불가다. 이런 상품을 찾아낼 때마다 식품 MD라는 것이 즐겁다.

사람 없는 시장을 보면서 내일 상설시장 주변을 감싸는 정도만 오일장이 서겠다고 생각했다. 기우였다. 다음 날 시장으로 나가보니 제법 규모가 있었다. 고령 오일장은 4, 9가 든 날에 열린다. 고령은 낙동강을 앞에 두고 대구와 마주 보고 있다. 그 덕인지 썰렁했던 어제와 달리 장터에 활기가 넘쳤다. 시장길 따라 길게 400m 정도 장이 섰다. 오가며 시장 보는 재미가 제법 쏠쏠했다. 경남 산청이나 전남 신안에서 맛보지 못했던 홍이 넘쳤다. 양산 든 이가 많은 시장, 채소전을 보니 시장에 여름 채소가 제법 많았다. 날씨가 이상해도 여름은 왔다. 과일도 수박이 대세. 다시 한번 이야기하지만, 수박이나 멜론은 꼭지가 적당히 말라 있어야 맛있다. 고령은 겉에 그물 무늬가 없는 멜론이 많이 난다. 고령의 어느 곳을 가나 쉽게 만날 수 있다. 고령에서 많이 나는 감자나 멜론은 여름 작물이다. 겨울에는 심심하지 않을까 생각하지만 괜찮다. 겨울철 고령에서는 딸기가 많이 난다. 여름철 감자나 멜론보다 겨울에 딸기를 더 쉽게 찾아볼 수 있거니와 다양한 체험까지 가능하다.

삐질삐질 땀 나는 시장에서 가장 핫한 것이 두 가지가 있었다. 콩물과 우뭇가사리의 조합은 시원한 맛으로 사람들을 유혹했다. 일명 '우무리카노'. 내가 붙인 이름이다. 줄 서서 한 컵씩 들이켜거나, 아니면 페트병에 가득 담아 갔다. 한 곳은 멀리서 봐도 땀이 삐질. 커다란 솥 몇 개를 걸고는 육개장, 어탕, 선짓국, 추어탕을 팔고 있었다. 땀이 나든 말든 사고파는 것에만 열중이다. 고령 오일장은 다른 장터와 달리 시장 초입에 고기 파는 식당이 여럿 있다. 이웃한 동네에서 오는 흑돼지 뒷고기를 판다. 오전 10시 겨우 지났지만, 식당마다 사람이 가득하다. 장 본 사람과 볼 사람이 섞여 있다. 깔끔 떠는 마트나 백화점에서는 느낄 수 없는 시끌벅적하고 맛난 풍경이다.

뒷고기도 뒷고기지만 고령 오일장에서 놓쳐서는 안 되는 먹거리가 있다. 어느 장터에나 있는 뻥튀기, 튀김, 도넛, 즉석 어묵이 아니다. 고령에선 찹쌀떡과 감자고로케다. 두 식당이 묘하게도 시장 길의 이쪽 끝과 저쪽 끝에 있다. 우선 50년 넘은 찹쌀떡부터. 전에는 제과점이었지만 지금은 찹쌀떡만 하는 집이다. 밀가루 잔뜩 묻힌 옛날식이다. 보드라운 떡과 호두가 든 팥소의 조합이 좋다. 진득거리는 식감과 달기만 한 시판 팥소를 사용한 찹쌀떡과는 맛이 다르다. 장날에는 사기 힘들 거 같아 토요일에 미리 사서 맛을 봤다. 참으로 맛났다. 장날, 오가며 보니 정말 떡이 나오기가 무섭게 사라졌다. 감자고로케는 고령 개진면의 개진 감자로 만든다. 치즈, 달걀, 새우, 땡초 등 다양한 부재료

우무리카노

(왼)찹쌀떡 (오)감자고로케

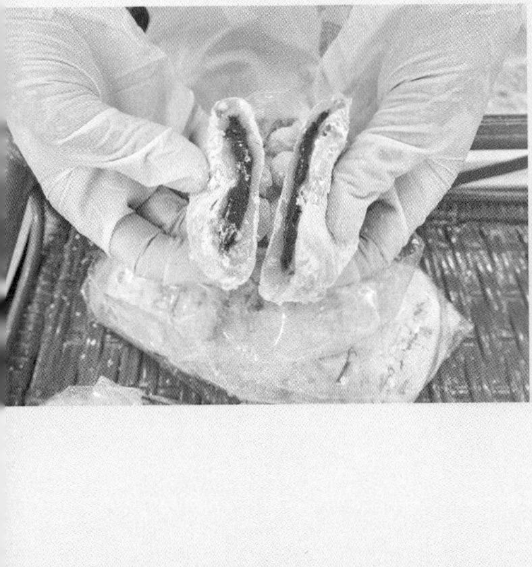

를 넣어 맛을 고를 수 있다. 고로케의 주인공은 감자. 맛난 감자로 만드니 고로케가 맛없을 수가 없다. 진도의 대파빵, 함안의 불빵처럼 그 지역에 갔을 때 맛보면 좋은 빵이다. 지역에서 나는 재료를 제대로 활용했다. 이런 음식이 널리 사랑받을수록 지역의 재료가 살아남는다.

몇 년 전, 겨울이었다. 딸기를 알아보러 새벽 일찍 고령 쌍림면에 간 적이 있다. 일을 보고 식사를 하려고 보니 내가 좋아하는 어탕 집이 있다. 마을 어귀의 삼거리, 슈퍼를 같이 하는 식당. 느낌이 바로 왔다. 고민할 것도 없이 바로 문을 열고 들어갔다. 어탕국수, 국밥 그리고 수제비! 국수보다는 수제비를 좋아하는지라 수제비 선택. 사전 정보 없이 들어갔음에도 선물 같은 어탕수제비 한 그릇을 받았다. 이번

행복이머무는집

출장길에도 한 그릇 해야지 한다는 것이 다른 식당을 선택했다.

'어탕삼계' 메뉴가 궁금해서였다. 어탕에 국수나 수제비가 아닌 작은 닭 한 마리가 들어 있는 모습에 이끌렸다. 감자밭 보고 다시 읍내로 갔다가 식당을 검색하니 감자밭 근처였다. 왕복 52km의 길이었지만 그럴 만한 가치가 있었다. 어탕 국물보다 삼계탕의 국물은 심심하다. 잘 삶은 닭고기 살을 발라내고는 어탕 국물에 푹 적셔 먹자 색다른 맛이다. 여기에 제피와 땡초까지 넣고 먹어보니 특이하면서도 맛있었다. 닭이 품고 있던 찹쌀밥 또한 어탕 국물과 만나면 별미였다. 어탕삼계를 먹으면서 가만히 생각해 보니 병원에 계신 엄마가 해줬던 붕어매운탕이 생각났다. 붕어를 푹 삶고는 뼈를 발라냈다. 그러고는 양념한 국물에 채소와 소고기를 함께 넣고는 매운탕을 끓였다. 고령에서 맛본 어탕삼계의 국물과 비슷했다는 생각이 들었다. 감칠맛은 한 가지보다는 두 가지로 맛을 냈을 때 시너지가 난다. 멸칫국물에 버섯을 넣으면 맛이 더 좋아지는 것처럼 말이다.

어탕이나 추어탕이나 비슷한 음식이다. 물고기를 재료 삼아 국물을 만들어 채소 넣고 끓이는 방식이 같다. 다만 어탕은 다양한 물고기가, 추어탕은 미꾸라지 한 종류가 들어갈 뿐이다. 여러 어탕 중에 추어탕이 있는 것이다. 큰 하천이 지나는 곳은 실핏줄처럼 작은 천이 여기저기 연결되어 있다. 그 덕에 물고기를 쉽게 얻을 수가 있었다. 추어탕은 전북 남원이 유명하다. 유명하지만 최고는 아니다. 앞서 이야기한 것처럼 하천이 있는 곳에서 흔히 먹었던 음식이 어탕이고 추어탕

고령추어탕

이다. 경상북도 또한 추어탕 잘하는 집이 많다. 낙동강을 끼고 있는 고령 또한 빠져서는 안 된다. 시장길 중간에 '고령추어탕'은 오로지 추어탕 하나만 한다. 국수도 없다. 흔한 튀김도 안 한다. 경상도식 추어탕은 고춧가루가 들어가지 않는다. 배춧잎을 말린 우거지가 듬뿍 들어간 맑은 탕이다. 여기에 다진 청양고추, 마늘을 넣는다. 취향에 따라 제피 가루를 넣는다. 여기 제피 가루가 요물이다. 지역에서 나는 제피를 사용하는데 향이 너무 좋다. 제피 가루 든 단지의 뚜껑을 열고 향을 맡았다. 상큼한 향이 흘러나왔다. 좋은 제피는 레몬 비슷한 향이 난다. 산초는 이런 향까진 없다. 제피까지 넣고 맛을 봤다. 필자는 국밥, 설렁탕, 평양냉면을 먹어도 국물은 반 정도 남긴다. 국물보다는 건더기를 주로 먹는다. 여기 추어탕은 바닥이 보일 정도로 먹었다. 국물이 참으로 맛있었다.

국밥도 먹고, 석쇠구이도 먹었지만 기억에 남는 것은 닭전이다. 호박전, 민어전, 명태전, 대구전, 정구지전, 육전 등 수많은 전이 있다. 재료의 식감에 따라 전도 제각각 식감이 있다. 닭전이라? 맛을 안 볼 수가 없었다. 닭을 다져서 다진 청양고추와 약간의 채소를 넣고 넓적하게 부친다. 맛은 작은 동그랑땡을 넓게 부쳤다고 생각하면 얼추 비슷하다. 닭의 구수한 맛이 있어 먹을수록 당긴다. 더운 날씨에 콩국수와 함께 먹었지만 닭전은 칼국수와 더 어울릴 듯싶었다. 닭전은 맛있었지만 콩국수는 그다지 특별하지 않은 탓도 있었다. 콩국수 먹으러 가지는 않겠지만 닭전은 먹으러 갈 듯싶다.

상점 정보

- 진미당 **주소** 경상북도 고령군 고령읍 쾌빈리 505-1 **전화** 054-954-2743
- 개진고로케 **주소** 경상북도 고령군 고령읍 고아리 129-4 **전화** 0507-1392-0083
- 옛날어탕 합천마트 **주소** 경상북도 고령군 쌍림면 대가야로 572 **전화** 054-955-0604
- 행복이머무는집 **주소** 경상북도 고령군 다산면 사문나루3길 13 **전화** 0507-1334-9055
- 고령추어탕 **주소** 경상북도 고령군 대가야읍 시장길 21 **전화** 0507-1341-7720
- 원조소풍 **주소** 경상북도 고령군 쌍림면 영서로 3379-3 **전화** 054-956-1007

강원도 원주

여름

불행 속 찾은 행운의 맛, 그거면 된 거다

전국을 제집처럼 드나드는 필자는 어디를 가나 익숙하다. 특히 자주 가던 충남 홍성이나 전남 담양, 경북 의성에 가는 날이면 고향 가는 것처럼 설레기까지 한다. 자주 가본 곳은 아니었지만, 장가를 가면서 익숙해진 곳이 원주다. 원주의 문막읍이 처가가 살던 곳이다. 원주를 출장으로 처음 간 것은 월드컵이 열리던 해, 2002년 즈음으로 기억한다. 충주에서 일을 보고 원주의 어느 산골에 있는 공장을 찾아갔다. 우리밀로 과자였는지 빵이었는지를 만드는 곳이었는데 기억은 잘 나지 않는다. 하지만 그 덕에 원주는 우리밀로 저장되어 있었다. 저장된 기억이 희미해지는 사이 별다른 기억은 추가되지 않았다. 20년 지나 새롭고 재미난 기억으로 오일장과 새벽시장이 업데이트되었다.

우리나라 생활협동조합의 시작이 원주였다. 원주에서 '한살림'이

성명
생산지
연락처
품명
농업인새벽시장원주시협의회
원주시 농업인
새벽시장협의회

시작되고, 그로부터 파생한 여러 단체가 여전히 전국에서 활동하고 있다. 생활협동조합의 도시 원주답게 상설시장 또한 잘 되고 있다. 오일장은 2, 7일이 든 날에 열리고 있었다. 장마가 잠시 물러나 여름 더위가 무엇인지 보여주던 토요일에 원주 오일장을 찾았다. 예전에 강릉, 원주의 앞 글자를 따 강원도라 불렀다. 그만큼 중요한 도시였다. 오일장 역시 도시 규모에 맞게 컸다. 하지만 규모가 크다고 재미까지 있는 것은 아니었다. 시장을 몇 바퀴 돌아도 남는 것은 땀밖에 없었다. 난감함이 밀려왔지만, 믿는 구석이 있었다. 매해 4월부터 12월까지 열리는 새벽시장.

이른 새벽인 4시부터 장이 열린다. 사람이 모이기 시작하면서 장터는 홍이 난다. 홍에 정이 붙으면 홍정. 홍정이 오가다 보면 어느덧 아침 9시, 새벽시장 문 닫는 시각이다. 다음 날, 새벽시장이 열린 곳이자 오일장이 열리는 민속풍물시장 옆 둔치로 나갔다. 시장까지 가는 길은 둑길이다. 둑길로 가면서 길 건너에서 걷는 사이에 벌써 장을 보고 가는 이들이 제법이다. 둑길에 올라서니 비로소 장터가 눈에 들어왔다. 생각했던 것보다 컸다. 예전에 강릉 새벽시장 정도겠지 했는데, 규모가 두어 배 이상 컸다. 서둘러 장터에 들어섰다. 판매하는 사람들은 농민이다. 판에 박힌 모습이 되어가는 로컬푸드 매장하고 격이 다른 실제의 로컬 매장이 눈앞에 펼쳐졌다. 시장 관리소에서 내준 허가증에는 사는 곳과 이름이 적혀 있었다. 그 허가증이 있는 이만 시장에서 상품을 판매할 수 있다.

장터의 물건은 제각각이었다. 7월 초순에 볼 수 있는 모든 농산물이 모여 있었다. 복숭아, 자두, 살구, 매실까지. 남녘의 매실은 예전에 끝났지만, 강원도는 아직 나고 있었다. 마늘, 양파도 한창이었고 살까 말까 고민한 고춧잎이나 깻잎 또한 싱싱함이 남달랐다. 다듬어 내놓은 쪽파나 실파 역시 여느 매장에서 쉽게 살 수 없는 수준이었다. 오가다 맛본 멜론, 하미과는 후숙하지 않아도 될 정도로 맛이 좋다. 중국 황실에서 즐겨 먹었다고 하는데 필자라도 그랬을 것이다. 노란 하미과와 파란 하미과 두 가지 다 맛을 봤다. 같이 간 이와 동시에 "노란 거 주세요" 외쳤다. 단맛의 깊이가 달랐다.

두어 걸음 옮기다가 작은 오이가 눈에 들어왔다. 농부가 작은 오이 하나를 내밀었다. 토종 오이. 작아서 꼬마 오이나 피클용 오이처럼 보이는 녀석이다. 우리가 알고 있는 기다란 오이가 아니라 통통하고 짤막한 몸통이다. 긴 모양으로 개량한 오이와 달리 긴 여운을 지닌 향과 청량한 단맛이 일품이다. 육질 또한 단단해 씹는 소리가 더위를 한 방에 날린다. 모양은 작아도 소박이, 장아찌, 피클 등 어떤 음식을 만들어도 좋다는 농부의 이야기에 맛본 이들은 하나같이 오이를 사 갔다. 이때 취재 끝나고 사야지, 하다가 못 산 필자만 빼고 말이다.

시장 양쪽 끝에 사무실 사람들이 나와 입구를 지키고 있다. 관리소의 허가를 받지 못한 이들 또한 양쪽 끝 입구에서 장을 펼쳤다. 시작점과 달리 끄트머리 쪽에서는 반조리식품과 조리한 음식을 팔고 있었다. 메밀전이나 전병, 김 나는 묵을 팔기도 하지만 가장 인기 있는 것은 두부였다. 판매 연식이 제법 있는 듯 손에 지폐 든 이들이 순서를 기다리면서 줄을 서고 있었다. 새벽시장을 돌아보면 정신이 없어 보여도 혼돈 속에 나름의 질서가 있다. 강원도의 동쪽 강릉에서 맛봤던 새벽시장의 재미를 서쪽인 원주에서 제대로 즐겼다. 원주의 오일장은 나쁘지 않았다. 시장의 재미를 더하려면 새벽시장을 꼭 봐야 한다. 농민이 주인인 장터가 바로 새벽시장이며 로컬 장터다.

새벽시장의 재미가 장보기라면 오일장은 역시 먹는 재미다. 강원도 장터에서 빠지지 않는 먹거리는 메밀 음식. 전과 전병은 크기가 크든 작든 항상 있다. 메밀전은 반죽 위에 배추나 김치를 올리기에 맛이 비슷하다. 전병은 지역마다 조금씩 달랐다. 영월은 매콤했고 양구는 무채와 김치가 적당한 맛이었다. 홍천의 총떡은 나름의 맛이 있었다. 원주는 앞선 네 곳과는 맛이 아주 달랐다. 김치가 들어가는 것은 같았다. 다만 당면이 들어가 김치만두 먹는 느낌이 들었다. 김치만두를 좋

메밀전병

아하는 이라면 좋아할 맛이 원주의 메밀전병이다. 먹기 전에는 양구 전병이 최고라고 생각했다. 먹고 나서는 원주의 것이 가장 마음에 들었다.

언제부터인지는 몰라도 강원도의 여름은 수리취떡이다. 원주 오일장 이곳저곳에서도 떡을 팔고 있었다. 지나가다가 수수부꾸미를 부치는 점포에서 떡을 샀다. 팥고물이 적당히 묻어 있는 모양새가 마음에 들었다. 떡을 먹으니 예전에 예산 오일장에서 맛본 떡이 생각났다. 요새 떡은 단맛이 먼저 반긴다. 맛있는 떡은 단맛이 아니라 떡의 식감이 먼저 반겨야 한다고 생각한다. 씹을수록 품고 있는 단맛을 내줘야 한다. 여기 떡이 딱 그랬다. 떡을 씹는 사이 단맛은 그저 옆에서 씹는 맛을 조용히 보조하고 있었다. 오랜만에 맛나게 떡을 먹었다.

이번 출장길에도 식당을 알아보고 갔지만 먹은 곳은 한 군데다. 그러나 그곳은 차마 쓸 수 없는 수준이었고, 한 곳은 토요일 오후부터 주말 내내 장사를 하지 않았다. 또 한 곳은 폐업해서 부랴부랴 식당을 다시 알아봤다. 폐업한 식당은 육우를 내는 곳이다. 적절한 가격에 맛있는 고기를 먹을 수 있기에 육우나 황소 등 등급 낮은 소고기를 애써 찾아 먹곤 한다. 아쉬운 마음에 대략 본 시장통의 한우구이 골목으로 찾아갔다. 시장 안에 있는 작은 골목을 사이에 두고 스무 곳 남짓의 고깃집이 몰려 있었다. 그중 한 집을 찾아들었다. 태백의 실비집 같은 분위기가 나지만 가격은 서울 도심 수준. 맛없고, 폐업하고, 문 닫는 등 온종일 꼬인 날이었기에 더는 찾아볼 엄두를 내지 못하고 앉았다. 안창살 2인분(360g) 주문하니 9만 6천 원. 고기 맛은 등급으로 예

고기는 별로, 된장찌개는 '찐'이었다.

측 가능하다. 마블링이 있지만 육 향은 없는 소고기 맛이었다.

고기 주문하면서 된장찌개를 주문하니 반전은 '된찌(된장찌개)'에 있었다. 간장을 덜 뺀 강원도 특유의 막장으로 끓인 된장찌개에 막 퍼준 밥이 같이 나왔다. 따로 나온 양념은 고추장아찌를 잘게 잘라 볶은 것과 소고기고추장볶음 두 가지. 막장으로 끓인 찌개로만 밥 비벼도 맛있었지만, 두 양념을 넣으니 세상에서 찾기 어려운 맛. 고기를 먹기 위해서는 찾지 않겠지만 된장찌개 넣고 비빈 밥에 고기 올려 먹을 생각이면 찾을 것 같다. 상상할 수 있는 맛의 고기와 상상할 수 없는 맛의 된장찌개가 공존하는 골목이다. 따로 식당 이름은 이야기하지 않는다. 메뉴가 대동소이하고 된장찌개는 집마다 개성이 있다. 저렴한 것이 차돌 섞여 있는 모둠 구이. 3만 8천 원이다.

전날과 달리 잘 풀리던 일요일도 잠시. 추어탕을 먹고 집으로 올 생각이었지만 생각대로 풀리지 않았다. 전병을 먹고 차로 돌아왔는데 시동이 걸리지 않았다. 시동을 걸어주는 스타터 모터가 갑자기 타 버렸다. 긴급 견인을 불러 수리를 하고 출장의 마지막 종착지를 찾아갔다. 보통의 추어탕은 몇 명이 가든 뚝배기에 나온다. 이 집은 전골로 나온다. 주문한 인원에 맞게 냄비가 커진다. 처음 먹어보는 맛이다. 버섯, 고사리, 채소가 듬뿍 들어 씹는 맛이 좋았다. 한 숟갈 먹을 때마다 넣은 산초 가루 또한 맛을 더했다. 차 때문에 추어탕과 그에 걸맞은 김치까지 더해진 맛있는 점심으로 출장길을 마무리했다.

필자가 잘하는 말이 '그러면 된 거다' 이다. 불행을 곰곰이 따져보면 그 속에서 행운이 보인다. 차는 고장 났지만 일요일에 문 연 곳이

장터 추어탕

있어 고쳤고, 어제는 힘들었지만 오늘 시장 구경은 재미있었다. 힘들었지만 또 하나의 시장을 끝냈으니 더할 나위 없었다. 시동을 걸면서 속삭였다.

"그러면 된 거다."

상점 정보

- 미니분식 **주소** 강원도 원주시 중앙시장길 20-21 **전화** 033-746-6964
- 장터 추어탕 **주소** 강원도 원주시 문막읍 문막시장1길 52-17 **전화** 033-735-2025

강원도 횡성

여름

지천에는 고얏, 조화로운 맛의 고장

지난번은 원주 오일장이었다. 원주 새벽시장의 감흥을 잊지 못하고 그때 사지 못한 토종 오이도 살 겸 해서 이웃한 횡성으로 방향을 잡았다. 횡성 오일장은 1과 6일(1, 6장)이 든 날에 열린다. 횡성은 자주 갔었다. 지금이야 대기업에서도 유기농 우유가 나오지만, 2000년 중반까지는 일부 지역의 목장형 유가공장에서 유기농 우유를 생산했다. 울산의 신우목장, 평창의 설목장, 그리고 횡성의 범산목장을 자주 다녔다. 지금이야 범산목장은 새말 나들목 근처에 있지만 예전에는 횡성과 양평의 경계에 있었다.

오전 9시경, 횡성 읍내에 도착했다. 아침나절임에도 벌써 해는 뜨거운 기운을 발산한다. 카메라를 메고 우선 한 바퀴 돌았다. 횡성 오일장은 횡성시장을 중심으로 'ㄷ'자 모양으로 선다. 차가 다니는 서문을

강원도에 여름이 왔음을 찐옥수수가 알린다.

개량한 자두와 토종 자두 오얏

제외하고 북문, 동문, 남문에 장사꾼들이 제법 있다. 두 바퀴 돌 때 즈음 장터가 보이지 않는 선으로 분리된 듯 했다. 선수와 비선수로 말이다. 시장의 동쪽에 횡성 등기소가 있다. 맞은편은 농협이다. 등기소 앞부터 농협 앞쪽 따라서는 비선수, 즉 할매들이 판을 벌이고 있다. 등기소가 끝나는 지점부터는 오일장마다 돌아다니는 선수들 구역이다. 세 번째부터는 선수들 구역은 돌지 않고 할매들 있는 장터만 보고 다녔다.

한여름의 강원도는 감자와 옥수수다. 다른 지역 장터도 그렇지만 강원도 장터만큼은 아니다. 이미 6월에 감자나 옥수수 수확이 끝났기 때문이다. 횡성장 여기저기서 옥수수 껍질을 벗기고 삶는 모습이 한창이다. 옥수수는 수확할 때가 가장 맛있다. 이때는 소금만 넣고 삶아도 다디달다. 수확하고 시간이 지나면서 액상의 당분이 결합해 단단한 전분이 된다. 이때는 인공적인 맛, 즉 사카린의 씁쓸한 단맛에 기대야 한다.

강원도의 여름은 감자와 옥수수라 했다. 여름 강원도 오일장에서는 하나를 더 기대하고 간다. 오얏을 만나지 않을까 하는 기대다. 여기서는 '고얏'이라 한다. 대부분 오얏은 잘 모를 것이다. 일본에서 개량형 자두가 들어오기 전 이 땅에 있던 자두가 오얏, 강원 사투리로는 고얏이다. 4년 동안의 오일장 취재에서 여름마다 만났다. 처음에는 영월, 이듬해는 진부, 작년은 정선에서 만났다. 오얏의 매력은 새콤함이 먼저 달려든다는 것이다. 몸서리칠 정도의 신맛이 지나면 단맛이 달

감자전

동환이네 감자부침

래주듯 나타난다. 단맛만 가득해서 밍밍한 개량 자두와는 맛의 결이 다르다.

두어 바퀴 돌고 서문 쪽에서 다시 돌아 동문으로 가는 초입에서 1년 만에 고얏을 만났다. 더위로 말라가던 입 안에 침이 가득 고였다. 반가운 마음에 바로 샀다. 한 알 베어 무니 상상했던 그 맛. 짜릿한 신맛에 도망 나갔던 정신이 제자리를 찾는다. 지나오면서 못 봤던 고얏이 보이기 시작한다. 강원도 장터에서 만난다 해도 어쩌다 한 군데에서만 팔던 고얏이 횡성에는 개량 자두만큼 많았다.

횡성 전통시장은 여느 강원도 시장처럼 메밀전병과 배춧잎 올린 메밀전 파는 곳이 많았다. 전병 부치는 것을 보니 이웃한 원주와 비슷하게 당면이 들어간다. 골목골목 다니다가 한 집에서 멈췄다. 메밀전병 파는 골목에 떡하니 있는 감자전 간판 앞이었다. 가만히 가게 안을 들여다보니 할매 한 분이 감자 껍질을 까고 있었다. 손님인 듯한 할배는 이미 감자전 몇 장을 드시고 있었다. 활짝 열린 가게로 들어가 감자전 하나를 주문하고 앉았다.

번철에서 바로 부친, 김 모락모락 나는 감자전이 나왔다. 보통은 강판에 간 감자만으로 부친다. 이 집은 감자 반죽에 매운 고추와 부추를 넣어 부쳤다. 감자의 쫄깃한 맛에 부추의 향긋함과 고추가 내는 매운맛의 조화가 너무도 좋았다. 메밀전병 가득한 시장에서 감자전 딱 하나만 한다. 전병이냐 감자전이냐를 고르라 한다면 횡성장에서는 감자전이다. 전은 바로 부쳐야 맛있다. 거의 모든 시장에서 메밀전병이나 전은 미리 만들어놓는다. 주문하면 데워서 내준다. 세상에서 가장 맛없는 전이 다시 데운 전이다. 어떤 재료로 부쳐도 마찬가지다.

횡성은 안흥찐빵이 유명하다. 읍내에서 안흥까지가 대략 20km. 굳이 찐빵만 사러 안흥까지 갈 필요가 없다. 시장 안에도 맛있는 찐빵 가게가 있다. 시장을 몇 바퀴 돌고 찐빵을 사러 갔지만 사지 못했다. 아직 반죽 발효가 덜 끝나 만들어놓은 찐빵이 없었다. 오후에 오면 있다 해서 다른 곳에 갔다가 6시경 다시 들렀지만, 시장은 끝났고 찐빵집 또한 문을 닫았다. 물건 살 때 다음에 사야지 하면 그 물건을 다시 사기는 힘들다(다음 날 새벽시장에서도 토종 오이를 사지 못했다). 모든 일에는 때가 있다.

찐빵이 유명한 안흥이지만 다른 빵도 있다. 안흥에서 영월, 둔내 가는 길에 몇 군데의 찐빵 가게가 있다. 가게를 지나쳐 시내에서 조금

이가본때

떨어진 마을에 우리밀로 빵을 만드는 곳이 조용히 자리 잡고 있다. 설탕이 주는 달콤한 맛의 빵보다는 씹을 때마다 단맛이 우러나는 빵을 만드는 곳이다. 누가 구석진 시골까지 와서 빵을 사갈까 걱정이 들지만, 기우다. 잠시 앉아 있는 사이 여러 팀이 들어온다. 커피나 과실 차도 있지만, 오랜만에 앉은뱅이밀로 만든 미숫가루 한잔했다. 빵집 앞 나무에는 아직 익지 않은 파란 열매가 달려 있었다. 혹시나 해서 물으니 역시나 고얏이 맞았다. 횡성에 고얏이 많은 이유를 알았다. 동네마다 이렇게 키우고 있어서 그런 듯싶었다. 안흥에 찐빵만 사러 가면 '앙꼬 없는 찐빵'인 격이다. 우리밀로 만든 빵도 같이 사야 제대로다.

횡성은 한우의 도시다. 언제부터 유명해졌는지는 몰라도 도심이나 길가에 횡성 한우 파는 곳이 많이 있다. 횡성 시내와 둔내역 주변에도 한우의 도시답게 정육식당이 제법 많다. 다들 등급 높은 소를 판다는 것을 알리기에 여념이 없다. 2021년 기준, 1등급 이상 판정을 받은 소는 93만 2천 마리 중에서 74.9%(축산물 품질 평가원 기준)라 한다. 나머지 25.9%는 2등급 이하를 받았다. 약 24만 마리다. 등급 판정 결과 2등급이 나왔다고 해서 맛이 2등급은 아니다. 지방이 예쁘게 끼지 않았을 뿐이다. 모두 1+ 이상을 판다고 자랑하는 사이에서 3등급 한우 파는 곳이 있다. 한우를 무한 리필로 운영한다. 여느 고깃집이라면 혼자 식사가 불가능하겠지만 여기는 가능하다. 시장 취재 4년, 고깃집 혼밥도 가능한 짬밥. 혼자서 질 좋은 숯불에다가 고기를 구웠다.

자리를 잡으면 나무 도마에 등심, 부챗살, 업진살, 치맛살을 내준

라오니아

먹거리 식당

다. 기본 구성대로 먹은 다음부터는 취향과 양에 따라 먹으면 된다. 등급 낮은 고기는 높은 등급의 고기와는 굽는 방법이 달라야 한다. 등급 높은 소는 지방이 많기에 살짝만 굽는 것이 요령이다. 녹은 기름이 윤활유 역할을 하기에 씹는 둥 마는 둥 해도 잘 넘어간다. 등급 낮은 것을 그렇게 구웠다가는 질겅질겅 씹히기만 할 뿐, 맛이 없다. 호불호가 갈리는 지점이다. 미디엄 레어로 구우면 안 된다. 웰던으로 구웠을 때 제맛이 나는 게 3등급 한우다. 핏물이 빠지고 진한 갈색이 될 때 씹으면 이 말이 생각난다. '고기는 씹어야 맛이다.' 냉면이 있지만 된장찌개도 잊어서는 안 된다. 막장으로 끓인 된장찌개에 구운 고기를 같이 먹으면 밥 한 공기 뚝딱 사라진다. 거세우는 등급이 잘 나오든 말든, 축종 불문 맛이 심심하다. 향이 있는 황소로 대신하면 더 좋지 않을까 한다.

제물국수와 건진국수가 있다. 제물은 면을 따로 삶아서 넣지 않고 처음부터 육수에 같이 끓이는 국수다. 보통 바지락칼국수를 이런 식으로 끓인다. 건진국수는 육수와 면을 따로 삶아서 낸다. 잔치국수 국물이 맑은 이유다. 횡성에는 다른 식의 건진국수가 있다. 면을 따로 삶는 것까지는 건진국수가 맞는데, 육수가 없다. 비빔건진국수다. 메밀 넣고 만든 칼국수 면을 삶고는 위에 고명으로 호박채무침을 올렸다. 그대로 비벼도 좋지만 같이 나온 콩나물무침을 넣어야 맛이 완성된다. 구수한 면과 달짝지근한 호박, 거기에 매콤하게 무친 콩나물이 포인트. 간이 싱겁지는 않지만 양념간장을 조금 넣어서 비비면 한 그릇 후딱이다. 순댓국 전문인 곳이라 비빔건진국수는 여름 한정이다. 겨울은 건진국수 대신 장칼국수를 한다. 동네 사람들 보니 순댓국 먹는 이가 많았다. 출장길 오다가다 순댓국 생각나면 다시 한번 갈 생각이다.

상점 정보

- 동환이네 감자부침 **주소** 강원도 횡성군 횡성읍 읍상서로 5-13 **전화** 010-9431-1358
- 이가본때 **주소** 강원도 횡성군 안흥면 실미송한길 46-18 **전화** 010-5624-0805
- 라오니아 **주소** 강원도 횡성군 둔내면 고원로398번길 6 **전화** 070-4145-9100
- 먹거리 식당 **주소** 강원도 횡성군 횡성읍 횡성로 71 **전화** 0507-1486-2246

전라북도 장수

여름

은하수 같은 매력이 소소히 흐르는 장수 오일장

아무런 바람이 없었다. 그저 여든여덟 번째 기사만 채우면 좋겠다는 생각으로 떠났다. 포도는 하우스에서 난 것이 맛있듯, 사과는 빨간 것이 맛있음에도 여전히 파란 아오리나 썸머킹 등을 판다. 두 품종 모두 8월 중순이 넘어가야 제맛이 난다. 여름은 항상 어렵다. 나는 것도 애매한 시기라 맛있는 게 드물다. 여름이 그나마 시원한 강원도는 속초와 철원 빼고는 다 취재했다. 남쪽의 고지대인 장수군이 8월의 첫 출장지. 장수로 한 회만 잘 채우자며 떠났지만 섣부른 판단이었다. 다닐수록 은근한 매력이 차고 넘치는 곳이 장수였다.

식품 MD 27년 차, 1995년부터 시작했다. 장수는 27년 동안 지나만 다녔다. 처음 가는 장수, 나랑 어떤 인연이 있을까 곰곰이 생각했다. 두 가지가 떠올랐다. 하나는 추석에 나는 사과인 홍로. 지리산과

덕유산 자락이 홍로사과의 중요한 생산지다. 장수를 구경 다니면 두 집 건너 한 곳이 사과 농장이다. 장수의 평균 높이는 400m대. 해발 1000m가 넘는 산도 있고, 대부분 500m가 넘는 산등성이마다 사과 농원이 지천이다. 그 덕에 추석 사과가 맛있다.

두 번째는 곱돌. 예전에 초록마을에서 일할 때 사람들이 좋은 먹거리 다음으로 좋은 쓸거리를 찾으리라 예상했다. 거창의 유기와 장수의 곱돌을 매장에서 취급했다. 지금도 집 부엌 한쪽에는 20년 된 곱돌 밥솥이 두 개 있다. 그중 1~2인용은 뚜껑 손잡이가 부러졌어도 여전히 제 기능을 발휘한다. 장수의 곱돌은 다른 지역과 달리 두툼하다. 열 받으면 갈라지기도 하지만 먹다 남은 우유를 넣고 태우면 구멍이 메워진다. 곱돌과 무쇠 가마솥 둘 다 가지고 있다. 누룽지까지 좋은 것은 가마솥, 밥맛도 좋고 관리하기 쉬운 건 돌솥이다.

장수 오일장은 작다. 장수군 거주 인구가 우리나라에서 세 번째로 적다. 울릉군, 영양군 다음이다. 인구 2만 2천의 장수이기에 오일장 또한 작다. 작지만 그래도 영양보다는 장이 컸다. 아는 사람들끼리 조그만 골목에 몇몇 모여 있던 영양과 달리 번듯한 시장 건물에 장(0, 5장)이 섰다. 충남 금산을 지나 무주, 그리고 장수다. 그사이에 시나브로 고도가 높아진다. 사방을 둘러봐도 보이는 것은 산이고 시장은 그 안에 살포시 들어앉아 있다. 다 둘러보는 데 아주 잠깐이면 될 정도의 크기였다. 애당초 기대라는 것이 없었기에 편하게 둘러봤다.

삼삼오오 모여 앉은 이들이 이야기꽃을 피운다. 손질하고 있던 것들을 들고 손길은 저절로 가게 놔둔 채 이야기 삼매경이다. 사러 오는 이가 있으면 잠시 중단했다 다시 시작을 반복한다. 손에 가장 많이 쥐고 있는 것은 고구마줄기, 데쳐서 무치면 맛있다. 누군가 해주면 참으로 맛난 반찬이지만 껍질 까는 것이 항상 취약이다. 가만히 서서 보고 있었다. 어릴 적 엄마 생각이 났다. 줄기 껍질 까는 엄마 옆에서 같이 까던 기억, 엄마가 세 개 깔 때 겨우 한 개를 까던 '똥손' 내가 생각났다. 줄기를 들지 않은 나머지는 호박잎을 들고 있었다. 쌈용으로 적당한 크기다. 작은 시장이어도 살 것이 있었다. 대장간에서 잠시 지갑을 만지다 돌아섰다. 고구마줄기 앞에서 잠시 머물기도 했다. 내가 산 것은 서리태. 시장 한편에 농부 상점이 있다. 장수군 일대에서 나는 농산

장수 오일장

물을 판매한다. 말려서 묵힌 것, 잘 발효한 된장과 청국장, 고지대에서 재배한 삼광쌀 등이 있다. 상점 앞에 아침에 거둔 농산물이 저렴한 가격에 나와 있다. 잘 익은 가지가 두 개 5백 원, 주스용으로 좋은 작은 애플수박이 세 개 만 원이었다. 한창 봉지에 나누고 있는 깻잎은 감자탕 끓일 때 넣는 용도다. 서리태는 사서 콩국을 할 생각이다. 밖에서 사 먹는 콩국의 진득함이 싫기에 아주 가끔 맑은 콩국을 내려서 국수를 말기도 한다. 같이 간 이는 나보다 한술 더 뜬다. 고수를 좋아해서 한 바구니에 5천 원 주고 산다. 고수라는 게 베트남 쌀국수가 유행하면서 알려졌다. 외국에서 들여왔다고 여기기 쉽다. 우리네와 오랫동안 같이해 온 작물이 고수다. 고수를 무치거나 생으로 삼겹살과 같이 하기도 하고, 무침이나 여름 별미 김치를 담기도 한다. 장수군의 여느 식당에서는 여름 한정 찬으로 내기도 한다.

서울에서 출발해 장수 장계 나들목 빠지기 전이 무주 안성 나들목이다. 그곳에서 빠져서 국도 따라 육십령에 올랐다. 예전에 화적을 피해 60명이 모여 넘었다는 고개인 육십령, 장수와 함양의 경계에 식당이 있다. 처음 시작할 때는 서울 호텔 출신 셰프가 운영하던 곳. 지금은 셰프는 떠나고 돈가스만 남았다. 육십령을 찾는 등산객 성화에 부활한 메뉴다. 주문하고 앉아 있으면 말린 꽃잎을 띄운 차를 내준다. 향기 그윽한 내에 잠시 취해 있다 보면 돈가스가 나온다. 돈가스보다는 '돈까스'라 불러야 하는 모양새다. 어느 분식점이나 경양식 집에서 본 듯한 익숙함이 밀려온다. 숨은 반전이 있다. 소스가 남다르다. 시판 소

육십령 휴게소의 돈가스

스에 장수에서 나는 사과를 더했다. 달곰한 소스에 장수 사과의 새콤함이 더해져 어디서도 보기 힘든 소스로 탄생했다. 돈까스는 어디서든 맛볼 수 있는 맛. 소스를 듬뿍 묻히는 순간 색다른 돈까스로 탈바꿈한다. 돈까스 먹을 때 김치와 피클은 '국룰'. 국룰인 오이 피클은 주변에서 농사지은 걸로 담근다. 김치도 직접 담근다. 다른 메뉴는 없고 다양한 꽃차를 곁들인, 돈가스라 말하는 순간 맛이 반감하는 '돈까스'만 판다.

장수에서 나는 것 중 사과와 더불어 한우가 유명하다. 시내 중심에도 마블링 잘 된 고기 파는 전문점이 제법 있다. 마블링 좋은 것을 찾는다면 군청 주변이 제격이다. 그와 다른 맛을 찾는다면 조금 움직여야 한다. 군청 소재지에서 9km 정도 떨어진, 재 너머에 한우 집이 있

한우마을

다. 습식 숙성한 고기를 판다. 주로 1등급, 등심은 2등급도 판다. 다양한 메뉴가 있지만 추천은 특수 모둠과 꽃등심이다. 안창살은 전국에서 가장 비싼 정도지만 2등급 꽃등심은 2만 원대다. 3만 원인 특수 모둠을 주문했다. 부챗살과 업진살 등이 나온다. 일전에 횡성 편에서 이야기했듯이 마블링 없는 고기는 잘 익혀야 한다. 같이 간 이에게 고기를 구워줬다. 다 익힌 것과 덜 익힌 것 두 가지를 줬다. 맛을 본 이 또한 글로 봤을 때는 이해가 잘 안 되던 부분을 바로 이해했다. 지나치게 익히면 마블링 좋든 나쁘든 맛이 없다. 마블링 없는 고기는 적당히 익혔을 때 빛을 발한다.

곱돌 판에 굽는 1등급 한우의 맛은 숯불에 굽는 1++와는 다른 맛을 낸다. 맛은 가격이 높고 낮음의 문제가 아니다. 고기는 등급에 따라 맛이 달라질 뿐, 순위를 다투지 않는다. 올림픽 금, 은, 동 순처럼 마블

링 순이 아니다. 1등급 특유의 맛이 있다. 마블링으로 맛 순위를 가르는 것은 편협함을 드러낼 뿐이다. 이곳은 식당과 펜션을 같이 운영한다. 장수는 대리가 없다고 한다. 그 덕에 술 한잔하고 은하수를 실컷 봤다.

장수시장에서 해장으로 짬뽕도 좋다. 내세우지 않더라도 짬뽕임을 말한다. 냉동 홍합과 매운맛이 없더라도 얼큰하고 시원한 짬뽕이 시장 바로 옆에 있다. 짬뽕의 얼큰함보다 시원함이 더 필요하다면 진천면으로 가야 한다.

진천면에 영광분식이라는 집이 다슬기를 넣고 끓인 수제비를 낸다. 필자가 좋아하는 메뉴가 수제비다. 수제비더라도 얼큰한 것과 들깨수제비는 별로다. 감자 많이 넣거나 아니면 다슬기 듬뿍 넣고 끓인 것이라면 '만사 OK'다. 이른 아침 장터 구경을 끝내고는 바로 갔다.

탕과 칼국수가 있어도 수제비다. 수제비와 잘 어울리는 열무김치와 단무지, 콩나물무침이 함께 나왔다. 다른 것은 먹는 둥 마는 둥 했어도 열무김치는 두 번 더 주문했다. 시원하게 끓여서 매운 고추를 넣은 국물과 적당히 신맛 품은 김치의 궁합은 최고였다.

◇◇◇◇◇

장수로 떠날 때 기대는 집에 두고 왔다. 여행 기사도 별로 없었다. 한국관광공사 홈페이지 기사도 몇 개 없을 정도였다. 기사 하나만 채우자는 심정으로 떠났지만 올 때는 흐뭇한 마음으로 돌아왔다. 다시

(왼)오복식당 (오)영광분식

가라고 해도 볼 것, 먹을 것 많은 곳이 장수였다. 장수의 매력은 그 자체에 있었다. 사방을 둘러봐도 산뿐인 장수, 분지의 품 안에 매력이 소소히 흐르고 있다.

상점 정보

- 육십령 휴게소 **주소** 전라북도 장수군 장계면 명덕리 산 175 **전화** 063-353-1964
- 한우마을 **주소** 전라북도 장수군 계남면 지소골길 18-6 **전화** 063-352-6002
- 오복식당 **주소** 전라북도 장수군 장수읍 시장통길 6 **전화** 063-351-2698
- 영광분식 **주소** 전라북도 장수군 천천면 춘송길 13 **전화** 063-352-4690

전라북도 진안

여름

고개만 돌리면 마이산이 반겨주는 진안

8월 13일 토요일, 연휴의 시작이다. 새벽같이 출발한 건 아니더라도 아침 7시 전 길을 나섰는데 고속도로 들어가기 전부터 밀린다. 사고인가 했다. 기듯이 가다 보니 스치는 생각, "아… 연휴." 집에서 10분 게으름 피운 것이 종국에는 1시간 더 운전하는 결과를 가져왔다. 평소에 3시간 조금 넘으면 도착했는데 이날은 내비게이션에 찍히는 소요 시간만 거의 5시간이었다. 막힌다고 생각하니 그때부터는 차라리 편했다. 가만히 생각해 보니 장수만큼이나 진안도 거의 가지 않았다. 스치듯 지나가긴 여러 번이었지만 제대로 여행하는 건 이번이 처음이다. 진안과 아예 연이 없던 것은 아니다. 2000년대 온라인 쇼핑몰에서 근무할 때 진안의 홍삼을 취급했었다. 그 당시는 홍길동도 아니고 홍삼을 홍삼이라 제대로 부르지 못했다. 1996년 홍삼 전매제가 폐지되었어도 여전히 홍삼이라는 명칭은 담배인삼공사만 사용했다. 일

정 규모 이상의 시설을 갖추지 못하면 홍삼을 만들어도 홍삼이라 못 했다. 인삼을 생산하는 금산, 포천, 풍기, 진안의 삼 가공업체들은 홍삼을 다르게 불렀다. 그중에서 기억에 남는 게 '태극삼'이다. 또 뭐가 있다 해도 기억에서 사라질 만큼 시간이 흘렀다. 완주 소양을 넘어 진안으로 가는 길에 오랜만에 보는 홍삼 업체 이름이 있었다. 송화수 홍삼. 2000년에는 아마도 진안 홍삼이었나? 그랬을 것이다.

진안 오일장은 4일과 9일이 든 날에 열린다. 지난 장수 오일장과 마찬가지로 별 기대는 없었다. 지난 4년의 경험을 통해 사람이 그리운 곳은 그리움에 비례해 오일장이 작아짐을 알기 때문이다. 50m 남짓한 시장통에 할매들이 나란히 앉아 있다. 시설은 최신식이어도 사

람은 그대로인 곳, 시간에 따라 사람만 나이 든다. 잠시 서서 주변을 둘러봤다. 파는 사람도, 사는 사람도 거의 모두 할매다. 오십 줄 넘긴 필자도 여기서는 젊은이다. 길지 않은 시장통을 천천히 걸었다. 어디선가 나는 향이 발목을 붙잡는다. 향긋한 향이 너무도 좋아 주변을 살폈다. 향기의 주인공은 고수. 아침 일찍 따왔기에 서울 시내 슈퍼마켓에서 향이 말라버린 고수와 '끕'이 달랐다. 조금 떨어져 있어도 공기 중에 산뜻한 고수 향이 퍼져 있다. 누가 사갈까 조바심에 사고서 고수 파는 할매에게 잠시 맡겨놨다. 카메라를 들고 있는 탓이다. 그렇게 몇 번 시장을 오갔다. 골이 진 마름모 모양의 홍로가 물들기 시작했다. 이른 추석에 맞게 계절도 변하고 있다. 새가 쪼아 망가진 것은 청 담그는 용도, 그 옆에 파란 홍로가 햇사과인 양 있다. 시장을 다니면 계절

◀ 진안의 여름 고수는 향기롭다. 김치를 담그면 별미다.

이 알게 모르게 변한다. 입추가 지난 8월 중순은 여름것과 가을것이 섞여 있다. 노각의 노란색으로 여름이 무르익었다. 노각 또한 맛이 나는 채소, 노각을 지나니 푸른빛 띤 작은 오이가 보였다. 원주 새벽시장에서 그렇게 사려 했던 토종 오이를 여기서 만났다. 가만히 생각해보니 오이와 고수로 김치를 담가도 맛날 듯싶어 오이를 샀다. "도시에선 이런 거 없어." 덤을 담고 있는 할매 대신 이웃한 할매가 말로 거든다. "네, 없어요. 이건 뭔가요?" 나물처럼 보이는데 도통 머리에 떠오르지 않는다. "메밀, 메밀 순." 그때야 생각이 났다. 고추장, 된장 넣고 조물조물 무친 고소한 나물로만 기억하니 생것을 보고 떠올리기 쉽지 않다.

시장통은 여름것이 한창, 시장 양 끝을 자세히 보니 싸리버섯이 벌써 나왔다. 버섯이 나왔다는 것은 가을 시작이라는 뜻이다. 게다가 싸리버섯 옆에는 다양한 모종이 손님을 부르고 있다. 배추며 양배추가 그 주인공. 순이 두 개 나와 있을 때 심으면 80~90일 지나 우리가 알고 있는 알찬 배추가 된다. 8월 말부터 9월까지는 김장 배추를 심는다. 배추 모종만 있는 것이 아니다. 진안은 또한 마른고추가 유명. 마침 알고 간 것은 아니었지만, 오일장터에서 보이는 언덕에 진안의 11개 읍면에서 난 마른고추 파는 시장이 섰다. 아직 낮에는 덥기에 마른고추 시장은 한산해도 준비하는 손길은 바쁘다. 따지고 보면 고추로 유명한 지역들이 있다. 거기만 고추가 나는 것이 아니다. 주변을 돌아보면 꽤 괜찮은 곳들이 많다. 진안도 그중 하나다. 여름작물인 옥수수와 복숭아를 파는 시장 한편에 가을이 배추 모종과 싸리버섯 그리고

모래재

마른고추로 살짝 발을 들이밀었다.

진안으로 오는 길에 완주군 소양 나들목을 지나왔다. 진안의 모래재에 가기 위함이다. 장수 오일장 편에서 육십령 휴게소를 떠난 셰프가 자릴 잡은 곳이 모래재. 메타세쿼이아 숲을 지나 식당에 들어섰다. 예약을 미리 해서 혼자도 식사할 수 있음을 알았다. 혼자라서 거부당하는 일이 종종 있다. 세 가지 세트 중에서 국내산 두부로 요리하는 메뉴를 주문했다. 전채 요리가 나오고 이내 식사가 나왔다. 몇 가지 전채, 주요리, 후식으로 이뤄지는 작은 코스지만 꽤 만족스러운 식사다. 우리밀로 만든 피자가 궁금해 따로 요청했다. 피자 또한 식사로 손색없는 양과 맛이다.

여름은 콩국수의 계절. 콩이 맛없어지는 시기 또한 콩국수의 계절과 맞물린다. 여름은 콩도, 쌀도 맛없어지는 시기다. 콩을 수확하는 늦가을이 콩이 가장 맛있는 시기로 콩국수 또한 맛있다. 햇것의 메밀이 나오면 축제를 한다. 그러나 해콩이 나왔을 때 콩국수 축제하는 곳을 못 봤다. 메밀국수나 콩국수나 시원하게 먹는 것은 마찬가지임에도 축제는 메밀만 한다. 누군가 콩국수 축제를 한다면 바로 가서 먹을 것 같다. 진안은 맛난 콩이 난다. 전북의 다른 산지 또한 마찬가지다. 진안군 시내에 국수만 하는 곳이 있다. 반죽한 것을 하루 숙성한다. 숙성한 것으로 면을 뽑고는 콩물에 말아 낸다. 맷돌에 간 콩물은 보자기에 넣고 짠 것으로 찐득거리지 않는 옛날 맛이다. "찐득거리지 않아서 좋네요." "그건 모르겠고, 맷돌로 갈아요. 앞에 짠지도 드셔봐. 청양고추 짠지." 탄성 있는 면을 씹고 콩물을 마셨다. 마무리로는 청양고추 짠지, 이보다 좋을 수가 없다. 예전에 가본 인제, 양구와 더불어 맛나게 먹은 콩국수 집이다. 면으로만 따지면 시판 국수 쓰는 집하고 다른 이

홍희네분식

집이 '찐'이다.

순댓국은 전국 어디에나 있다. 도축장이 있든지 없든지 간에 시장만 있으면 순댓국 식당이 있다. 도축장이 있다면 몇 집이 모여 있기도 한다. 진안에서 먹으려던 식사 리스트에 순댓국은 애당초 없었다. 묵밥과 백반이 있었다. 모래재에서 밥 잘 먹고 왔기에 일부러 마이산 탑사를 갔다가 왔다. 마이산 남부 주차장에서 진안 시내로 가다 보면 묵밥 집이 있다. 점심 장사만 한다. 얼추 배도 꺼지고 묵밥 한 그릇 할까 했는데 문을 닫았다. 그 덕에 시내에 있는 순댓국밥 집에서 밥을 먹었다. 기사로는 쓰기 힘든 차림새. 보통의 순댓국밥 집에서 먹듯 한 끼를 때우는 수준이었다. 다음 날 다른 것을 써야지 하고 갔다가 거기도 문을 닫아 찾아간 곳 또한 순댓국밥 집. 여기가 진짜였다. 순댓국이 먼저 나온다. 건더기를 먹다 보면 그때 밥이 나온다. 공깃밥이 반 조금 넘게 담겼다. 밥보다는 건더기 먹다가 배가 부른다. 내장 가득 고소한 피순대가 실하게 들었다. 위가 작은 나는 보통을 주문했어야 했다. 보통과 특 차이는 천 원. 특이 8천 원이다. 주말에는 사람이 밀린다. 조금 일찍 나오면 줄을 안 선다.

장수군에서는 커피가 다소 아쉬웠다. 장수군청 앞에서 마신 커피 빼고는 성공한 적이 없다. 진안군에서는 신중하게 커피를 고르려 했지만, 애써 신중할 필요도 없었다. 전국과 세계 각지를 다니며 커피를 내린 이가 고향인 진안에 7년 전부터 자리를 잡고 있기 때문이다. 진

전국 최고의 순댓국을 진안에서 만났다.

카페공간153

안 이곳저곳을 다니다가 서울 올라가는 길에 들렀다. 몰고 다니던 커피 트럭은 마당 한 편에 인테리어가 된 지 오래. 카페는 커피 트럭보다 오래된 집을 개조해서 책방도 겸하고 있다. 고속도로에 차를 올리기 전, 제대로 내린 커피 한 잔 받아들고 출발했다. 커피를 핸드 드립하는 몇 분 사이 두런두런 이야기를 나눴다. 길이 좋아지면 운전하는 사람에게 좋다. 다만, 그렇게 되면 남아 있는 건 거동하기 힘든 사람들뿐이라는 이야기에 서로가 공감했다. 고속도로가 아닌 이상 조금 돌아가도 마을을 지나치면 좋겠다는 생각을 했다. 4차선 도로가 지나는 길에 터널까지 뚫는 것은 이상한 일이다. 진안에서 향 좋은 커피를 마시고 싶다면 여기다.

◇◇◇◇◇

고개를 돌리면 마이산이 반겨주는 꽤 괜찮은 그곳, 그곳이 바로 진안이다.

상점 정보

- 모래재 너머 **주소** 전라북도 진안군 원세동길 7-14 **전화** 063-433-1964
- 홍희네 분식 **주소** 전라북도 진안군 진안읍 진무로 1110-1 **전화** 063-433-0426
- 시골순대 **주소** 전라북도 진안군 진안읍 우화2길 10 **전화** 063-433-2751
- 카페공간153 **주소** 전라북도 진안군 당산길 26-2 KR153 카페공간 **전화** 070-8869-5536

전라북도 김제

여름

여름의 끝자락에 만난 '갓성비' 로컬푸드

김제는 오랫동안 이런저런 일로 자주 다니던 곳이다. 멀게는 20년 전, 가깝게는 올해 모내기 직전에 두어 번 더 다녀왔다. 오랫동안 벼를 재배한 김제에서 의미 있는 일을 하고 있다. 지금까지 해온 양 중심의 쌀 수매 방식을 '맛' 중심으로 바꾸는 실험이다. 경기도 양평에서 적은 양으로 시작했다. 모내기할 때 모를 최소한으로 적게 심었다. 벼가 무르익기 전, 논이 비지 않을까 하는 우려가 있었다. 하지만 우려하던 일은 나타나지 않고 벼 뿌리에서 분할도 잘 이뤄져 논이 벼로 가득 찼다고 한다. 이렇게 재배하면 벼 줄기 하나하나가 힘을 받을 수 있어 병충해도 잘 견디고 맛도 좋아진다. '최소 투여, 최대 수확'의 경제 논리를 '최소 투여, 최대 맛'으로 바꾸는 일이다. 점점 양을 늘려 이제는 100t 규모로 재배하고 있다. 김제 청하면과 진봉면의 생산자들이 애쓰고 있다.

김제 벽골제 석양

겸사겸사 이유를 가지고 출발했지만, 가는 날이 장날이었다. 모든 것이 안 되던 아침이었다. 출발 전날 비가 왔다가 그쳤다. 다음 날 김제 날씨를 보니 오전까지는 비다. 그래도 이 정도 비라면 장은 선다. 가는 내내 추적추적 비가 멎었다가 쏟아지길 반복했다. 휴게소에서 잠시 쉬었다. 갑자기 '현타'가 왔다. "아, 내일 장날 아니다!"

장날로 착각하게 만든 원인은 두 가지. 하나는 김제시 원평장(5, 0장)이고, 다른 하나는 로컬푸드 축제인 콩쥐·팥쥐 문화장터(이하 콩쥐팥쥐)였다. 콩쥐팥쥐가 열리는 날은 토요일인 20일, 원평장과 겹치는 날이다. 김제시 중심에서 열리는 장터는 2, 7장. 원래 출장 가기로 마음먹었던 영천 오일장(2, 7장)과 같았다. 마음을 김제로 돌린 이유는 콩쥐팥쥐 때문이다. 로컬푸드를 응원하는 처지에 문화 장터를 놓치기 싫었다. 목적이 빤해지고 나선 경마장의 경주마처럼 앞만 봤다. 장터라는 목적만 보니 날짜는 보이지 않았다. 22일 월요일 김제장을 일요일로 착각하고 20일인 토요일에 도착했다. 잘못 알고 있다는 것을 그제야 깨달았다. 김제장이 안 되면 원평장이라도 보자 생각했지만 쏟아지는 비에 원평장은 서지 않았다. 그나마 다행으로 원평장 가는 길에 콩쥐팥쥐 문화제가 있었다. 원평에서 '꽝'치고 돌아오는 길, 문화장터를 잠시 둘러봤다.

전국 산지를 다니면서 응원하는 것이 두 가지다. 로컬푸드와 우리밀이다. 우리밀은 식량 자급 문제 때문이다. 우리나라는 쌀을 제외하면 식량 자급률이 3%대다. 반도체, 조선, 자동차는 쓸 수 있어도 먹

로컬푸드 매장에서 두부 구입은 필수다.

김제 로컬푸드 매장

을 수는 없다. 외국에서 식량 수출을 제한하면 지금보다 몇 배는 비싼 가격에 사와야 한다. 일정량 이상은 우리가 생산해야 그때 받을 타격이 덜 하다. 가능하면 우리밀로 빵을 만들거나 국수를 내는 곳을 찾아가려고 노력한다. 예전에 비해서는 많아졌다. 그런데도 밀 자급률은 0.8%대다. 참고로 일본은 17%대라 한다. 로컬푸드는 탄소 발자국보다는 맛과 지역 활성 두 가지 관점에 있어 중요하다. 전북 완주군에서 성공한 로컬푸드 매장은 전국으로 퍼졌다. 김포시나 남양주시, 태안군처럼 잘 되는 곳이 있기도 하지만 안 되는 곳도 많다. 다녀본 로컬푸드 매장 중에 잘 되는 곳으로 김제 또한 추가다. 필자가 로컬푸드 매장에 가는 이유는 맛있기 때문이다. 흔히 가성비를 자주 언급한다. 기대하는 것만큼 얻으면 가성비가 좋다고 한다. 그 이상이면 '갓성비'라 한다. 로컬푸드 매장에 가면 가성비 대신 '갓성비'를 말한다. 특히 잎채소나 과채류를 맛보면 이해할 수 있다. 두 가지는 수확 시점이 가장 맛있다. 시간이 지나면 가지고 있던 맛을 에너지로 전환한다. 수확된 직후 호흡 등의 생리 활성이 끝나지는 않는다. 단맛을 내는 포도당과 과당을 서서히 에너지로 바꾸기에 오늘 수확한 것을 오늘 사는 것과 내일 사는 것은 맛에 있어서 당연히 차이가 난다.

로컬푸드 매장에서는 채소만 사지 않는다. 포장 두부 또한 꼭 산다. 슈퍼에만 가도 있는 두부를 뭐하러 사나 하겠지만, 맛이 다르다. 효율성만 따지는 대기업 두부와 달리 콩 맛이 묵직한 두부를 살 수 있다. 두 두부는 구울 때 차이가 난다. 묵직한 두부는 수분을 품고 있어 기름이 튀지 않는다. 반면에 대기업 두부는 구우면 아침나절에 쏟아지던 비처럼 기름이 튄다. 김제시 로컬푸드 중심에는 연미향이 있다. 지역에서 공장을 운영하면서 지역 재료를 사용한다. 떡부터 반찬까지 다양한 생산품이 있다. 로컬푸드 매장의 장점은 언제나 맛난 것을 살 수 있다는 것이다. 비록 비 때문에, 착각 때문에 장 구경은 못 해도 로컬푸드 매장 덕에 장도 보고 구경도 잘 했다.

로컬푸드가 발달한 곳이니 당연히 식당도 있다. 흔히 맛집이라고 하는 곳을 가면 밥을 먹는 행위보다는 SNS에 올릴 자랑거리 촬영 용도가 많다. '나는 이거 먹어요, 먹었어요, 부러워하세요' 정도다. 카운트 올라가는 '좋아요'에 비례해 허기가 지거나 기분이 나쁠 때가 있다. 식당에서의 대접이 손님이 아니라 그냥 돈 내는 사람으로 취급받을 때가 많아서다. 맛은 그냥 그런데도 누군가에 보여줄 맛만 좇는다. 김제에는 로컬푸드 식당이 두 군데 있다. 육개장을 파는 식당은 개인 사정으로 쉬고 있었다. 두 번째 식당에 가기 전, 동김제 로컬푸드 매장에서 장을 봤다. 우리밀과 쌀로 만든 빵을 샀다. 이음 베이커리는 우리밀로 빵을 만들면서 다문화 가족이 중심으로 운영하는 곳이다. 맛난 빵 맛도 맛이지만 어울림을 더 중요하게 여기는 곳이다.

두 번째 식당은 김제시 백구면에 있는 난산마전. 난산마전이 어떤 의미일까 궁금했다. 궁금증은 바로 풀렸다. 백구면에 있는 마을 이름이 각각 난산과 마전이다. 난산과 마전에서 나는 식재료를 이용해 뷔페식으로 낸다. 열댓 가지 음식이 있다. 전채 요리인 호박죽부터 후식으로는 식혜까지 있을 건 다 있다. 여기 와서 꼭 맛봐야 하는 것이 있

난산마전의 로컬푸드 식당. 화려함 대신 맛을 선택했다.

다. 상추쌈이다. 상추만 맛봐도 눈이 번쩍 뜬다. 원래 상추가 이리 달았나? 혼잣말도 한다. 텃밭을 가꿔본 이만 알 수 있는 맛이다. 쌈 싸 먹다 보면 리필은 기본으로 하는 곳이다. 맛집은 그저 인기 많은 집, 여기는 맛이 있는 집이다.

전국에 수많은 중국집이 있다. 김제 또한 마찬가지다. 짬뽕, 짜장면, 탕수육만 잘하면 되는데 이게 쉽지 않다. 중국집에 달린 수많은 후기 중에서 "면이 쫄깃해요" 하는 댓글이 많다. 요새 중국집 면은 노란색이 많다. 붇지 말라고 식용 소다(중조, 중탄산나트륨, 식소다 같은 것 말이다)를 넣어서다. 면이 붇지도 않지만, 면에 쫄깃한 성질을 주는 글루텐 형성에 깊게 관여한다. 식용 소다 넣은 면이 쫄깃한 것은 당연하다. 예전에는 쫄깃함을 주기 위해 오랜 시간 반죽과 숙성을 했다. 시간을 들이는 대신에 간단히 과학으로 해결한 것이 식용 소다다. 쌀 계약 재배 때문에 김제 내려왔다가 알게 된 집이다. 짜장면을 주문하면 일단 반감부터 생긴다. 샛노란 면이 아닌 하얀 면이 반기기 때문이다. 볶아 나온 짜장을 넣고 비비면 그제야 안심이 된다. 익히 알고 있는 짜장의 맛이 입 안을 가득 채운다. 짜장이냐 짬뽕이냐, 중국집 최대 고민 앞에서 짜장을 선택하게 되는 몇 안 되는 집이다. 물론 개인 취향이다. 11시 30분에 문을 연다. 줄 서기 싫어하는 주변 직장인들의 점심시간을 앞당기는 집이다.

로컬푸드 매장에서 육개장을 먹었다면(먹지도 않았지만 소개하지도 않았을 집이다) 지금이 아니라 찬 바람이 불 때였을 것이다. 8월의 무는 강원도 무가 대부분이다. 해발 800~900m 되는 곳에서만 자라기 때문이다. 찬 바람이 불어야 제맛이 나는 게 무. 여름에 먹는 무밥은 달지 않다. 재료가 되는 무가 물맛이기 때문이다. 더위와 잦은 비 때문

(왼)대흥각 (오)텃밭

에 애써 키워도 무의 맛은 물의 맛이다. 채를 썬 무를 가득 씹어도 나는 것은 맹한 맛. 기댈 수 있는 것은 갓 지은 밥과 양념간장이 유일했다. 그나마 위안은 같이 나온 찬이 맛있다는 것이다. 역시 여름은 맛이 없는 계절이다. 가을걷이 이후 김제에 간다면 다시 한번 먹어보고 싶은 메뉴다.

◇◇◇◇◇

8월 말을 넘어 9월이다. 공기 중에 가득 머금고 있던 수분이 날아가면서 하늘이 가벼워진다. 어제보다 조금 더 높아진 하늘을 만나는 가을이다. 9월은 여름과 가을의 경계 지점. 오곡백과가 무르익는 가을은 조금 더 기다려야 한다. 그때가 추석은 아니다. 음력으로 8월 15일 추석은 익을 준비를 할 때지 수확할 때는 아니다. 과학기술의 발달로 일부 조생종은 나오지만 말이다. 지평선으로 지는 해가 짧아졌다. 가을이 보이는 곳까지 왔다.

상점 정보

- 연미향 **주소** 전라북도 김제시 금구면 목련길 7 **전화** 063-223-1511
- 난산마전 슬로우푸드식당 **주소** 전라북도 김제시 백구면 마산길 99-13 **전화** 063-900-3699
- 대흥각 **주소** 전라북도 김제시 검산 택지1길 29 **전화** 063-547-5886
- 텃밭 **주소** 전라북도 김제시 도작로 164 **전화** 063-545-3040

3장, 가을

무르익은 식재료들의 감칠맛

충청북도 충주

가을

물의 도시,
설렘 가득한 충주 오일장

충주를 직접 지나는 고속도로가 없던 시절, 안성이나 음성 나들목에서 나와 국도로 충주호에 갔다. 그 길은 설렘이 가득했다. 일 때문에? 아니다. 여름에 밤낚시하러 가던 길이다. 충주 하면 월척 붕어부터 떠오른다. 충주호 좌대에 올라 있다 보면 별과 나만 남은 듯한 그 시간이 좋았다. 그 덕에 충주는 나에게 물의 도시다. 충주댐에서 잠시 쉼을 가진 남한강과 속리산에서 시작된 달천이 충주에서 만난다. 춘천이 북한강의 도시라면 충주는 남한강의 도시다. 하늘과 들이 '가을가을'한 10월 5일(충주는 5, 0이 낀 날에 장이 선다) 충주 오일장 구경을 떠났다.

충주 오일장은 시내 무학시장과 자유시장에서 열리기에 규모가 제법 크다. 무학시장 근처에 차를 대고 구경에 나섰다. 초입은 약간 썰

렁했다. 썰렁함에 비해 상품은 제법 있었다. 평소에도 어느 정도 사람이 오간다는 의미다. 조금 걸어가니 무학시장과 자유시장이 만나는 지점이 나왔다. 사람이 많아지기 시작한다. 좌판이 어디까지 있나 봤더니만 큰 시장 한 바퀴를 다 돈다. 시장을 돌면 사람들이 몰려 있는 곳이 가끔 있다. 충주에선 깻잎지 파는 곳이 인기다. 그냥 깻잎 파는 곳에도 사람이 많다. 그 이유가 궁금해서 충주 출신 정은정 작가에게 바로 전화를 걸었다. 내륙 지방인 충주는 참깨보다는 들깨 농사가 많았다고 한다. 어느 조건이든 잘 자라는 들깻잎은 여름에는 쌈채로, 가을에는 절임을 만들어 늘 먹었다고 한다. 참깨는 우리나라 기후조건하고 맞지 않는다. 참깨는 고온 건조한 기후에서 잘 자란다. 참깨 농사에 대농이 없는 이유다. 다른 곳에서 참기름 쓰는 요리에 충주는 지금도 들기름을 사용하는 곳이 많다고 한다. 판매하려고 내놓은 들깻잎이 누렇다. 저걸 먹나 싶어 물어보니 소금에 절이는 치는 저래야 한다는 것이다. 퍼런 것으로 하면 맛이 없다고 한다. 누런 깻잎을 소금에 하루 절인다. 절인 것을 다시 양념해서 먹는 방식이다. 지금처럼 물류가 발달하지 않았던 시절에는 김치와 더불어 소중한 밑반찬이었을 것이다. 시장을 돌면서 맛을 봐야지 했다가 깜빡하고 사지 못했다. 지금도 그 맛이 궁금하다.

시장에 깻잎지 다음으로 많은 것이 밤이다. 가을은 밤을 수확하는 계절이다. 수확만 해야 한다. 먹는 것은 수확 후 보름이 지나서 먹어야 한다. 무슨 이야기인고 하니, 밤을 수확했을 때는 전분과 수분이 많다. 전분을 익히고 씹어야 비로소 단맛이 난다. 보름을 숙성한 밤은 단맛으로 가득 차 있다. 숙성하는 동안 전분이 단맛으로 변하기 때문이다. 게다가 수분은 증발해 당도가 더 올라간다. 이는 고구마도 마찬가지다. 막 수확했을 때가 가장 맛없다.

작년에 충주 주덕읍에 있는 지구네밤농원에 간 적이 있다. 밤도 이름이 있다. 농원에서 재배하는 밤은 단택, 이평, 석추 밤이다. 석추는 날것으로 먹기 좋다. 아삭한 맛이 일품이다. 단택은 굽기 좋은 품종이다. 이평은 겉껍질을 벗겨내면 나오는 속껍질인 보늬(율피)가 쓰지 않다. 타닌 성분이 적어 보늬밤 만들기에 딱 맞다. '보늬밤'은 삶은 밤의 겉껍질만 까고는 보늬를 벗기지 않은 밤을 설탕물에 조려 먹는 음식이다. 보늬에서 씁쓸한 맛이 나면 삶은 물을 여러 번 버려야 하는 수고를 해야 만들 수 있다. 밤 품종을 이평으로 하면 삶아서 바로 만들

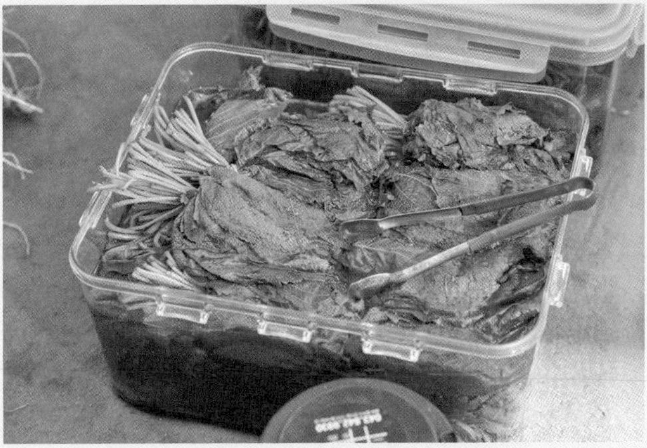

깻잎지는 충주에서 요긴한 반찬이다.

김치만두는 매워서 결국 남겼다.

어도 맛나다. 작년 9월에 농장에 갔다가 10월에 밤을 받았다. 숙성의 시간을 거친 밤은 기다린 만큼이나 달았다.

오일장을 다니다 보면 순대, 어묵, 치킨, 족발, 호떡 등이 없는 시장은 없다. 아무리 작은 장이라도 있었다. 충주는 하나 더 추가다. 시장에 만두 골목이 있다. 꽤 많은 집이 만두 혹은 만두와 순대를 같이 팔고 있었다. 시장을 몇 바퀴 돌고 나니 출출했다. 한 집을 골라 들어갔다. 김치 반, 고기 반 찐만두를 주문했다. 예약한 사람, 지나가다 사 가는 사람 등등 손님이 끊이지 않았다. 다른 집도 마찬가지다. 놀고 있는 집이 없었다. 김치만두를 맛봤다. 김치 맛은 없고 절인 채소에 매운맛만 있었다. 김치만두는 김치가 맛있어야 하는데 점점 매운맛만 도드라지는 것이 아쉽다. 적당히 익히면 좋지만 푹 익은 김치로 하면 속이 쉬었다는 클레임 때문에 절인 채소만으로 속을 한다. 고기만두는 두부의 고소한 맛이 살아 있었다. 먹다 보니 김치만두는 남았다.

충주 시내를 빠져나와 신니면으로 갔다. 일단 여기에 가려면 한 끼 정도 굶으면 좋다. 아니면 혁대 풀 생각을 하고 가야 한다. '열 명의 농부'라는 유기농 채식 뷔페식당이다. 채식 뷔페 가면서 무슨 호들갑이냐 할 수 있다. 지면을 통해서 몇 번 설명했듯이 채소는 수확 직후가 가장 맛있다. 텃밭 채소가 맛있는 이유다. 수확해도 채소는 호흡을 지속한다. 호흡에 필요한 에너지는 채소가 지니고 있던 포도당이나 과당이다. 호흡하는 시간이 길어지면 그만큼 단맛이 빠진다. 흔히들 'Farm To Table'이란 말을 많이 한다. 농장에서 식탁까지 과정과 거리를 최소화하는 데 공을 들이는 것이다. 열 명의 농부는 그런 점에 있어서 국내 최단 거리다. 농장 입구에 식당이 있다. 수확한 채소가 식탁에 오르기까지의 시간이 불과 몇 분이다. 여러 가지 반찬이 있지만 가장 맛있는 것이 쌈이다. 유기농 채소의 탄수화물, 단백질, 지방은 일반 시설재배 채소와 별반 차이가 나지 않는다. 영양상으로 비슷하다. 음식은 영양으로만 가치를 따질 수가 없다. 향과 식감이 영양이나 외적 요인보다 중요할 때가 있다. 스마트를 내세운 수경 채소는 겉보기는 좋지만 향이 여리다. 채소를 씹는다는 느낌이 없다. 향과 맛을 더하는 소스에 의존한다. 유기농 채소는 겉보기는 별로다. 입에 넣고 씹었을 때 비로소 가치가 빛나기 시작한다. '일'단 향이 다르다. '이'단은 단맛 또한 다르다는 것이다. 우선 향이 좋다. 각각의 채소 고유의 향이 가득하다. 향이 지나고 난 다음 느껴지는 단맛은 덤이다. 고른 채소

채소 본연의 맛을 음미하고 싶다면 바로 여기다. 열명의 농부.

실비집

중에 루콜라가 있었다. 루콜라에 이런 향이 있었나 싶을 정도로 좋았다. 각기 다른 향을 지닌 채소를 먹다 보니 다른 음식에는 거의 손을 안 댔다. 이번에 이거, 다음에는 저거 하며 먹다 보니 두 공기가 사라졌다. 뷔페이기에 고기 메뉴도 있지만, 사실 콩고기다. 진짜 고기가 없다고 서운할 필요가 없다. 맛있는 채소를 맛보면 고기 생각이 전혀 나지 않는다. 여름과 겨울에는 다른 곳에서도 일부 품목이 들어온다. 봄과 가을은 오롯이 농장에서 재배한 것이 식탁 위에 오른다. 저녁 장사는 하지 않는다.

다른 지방에서는 흔히 잡어로 '퉁'쳐서 부르는 민물 생선이 있다. 마지, 마디, 메자, 참매자 등등 다양한 사투리로 부른다. 참마자가 원래 이름으로 잉엇과의 민물고기다. 충주 지역에서는 참매자로 부른다. 민물고기는 달다. 바다 생선과는 다른 맛과 향이 있다. 혹자들은 흙내가 난다고 해서 멀리하기도 한다. 흙내가 나는 경우는 수조에 오래 보관했거나 물이 좋지 않은 곳에서 잡은 것이다. 지금은 오·폐수가 직접 강으로 흘러들지 않지만, 예전에는 아니었다. 하천 오염이 심각하던 시절 민물고기에 대한 인식이 아직도 많이 남아 있다. 참매자 조림은 시간이 좀 걸린다. 시장 구경을 하면서 미리 전화했다. 그렇지 않으면 30분 정도 멍 때릴 각오를 해야 한다.

시장을 나와 목계나루 근처로 갔다. 이름이 실비집, 차려 낸 반찬을 보니 딱 '실비집'이었다. 가장 적당한 반찬 수였다. 조림이나 매운탕 등은 요리가 곧 찬이다. 가짓수에만 몰두한 곳을 보면 뭐 하러 내나 싶은 것들이 많다. 실비집은 네 개의 찬이 나온다. 조림하고 먹다 보면 그마저도 많게 느껴진다. 조림은 실한 참매자 몇 마리가 들어 있다. 참매자 밑에는 국물을 품고 있는 감자와 시래기가 깔려 있다. 붕어 조림은 잔가시가 있어 먹기 불편하다. 잔가시가 없는 매자는 편하다. 살을 발라 먹으면 단맛이 은은하게 퍼진다. 설탕의 단맛이 아니라 재료가 품고 있는 단맛이다. 매자 살을 발라 먹다가 감자와 시래기를 숟가락으로 떠서 밥과 비비면 끝장이다. 여기에 달곰한 살을 올려 먹어도 좋다.

상점 정보

- 지구네밤농원 **주소** 충청북도 충주시 주덕읍 삼청리 산28 **전화** 010-8820-7059
- 열 명의 농부 **주소** 충청북도 충주시 신니면 장고개2길 62-46 **전화** 043-848-6262
- 실비집 **주소** 충청북도 충주시 엄정면 새동네1길 7-24 **전화** 043-852-0159

경상남도 합천

가을

왕밤의 고장 합천에서 진솔한 맛을 만나다

몇 해 전, 모 신문사에 식재료 관련한 글을 썼었다. 여러 소재 중에 밤도 있었다. 1958년에 전국적으로 토종 밤나무가 죽어 나갔다. 아주 작은 벌레인 밤나무혹벌 탓이었다. 그 영향으로 일본 품종이 국내로 들어왔다. 겨우내 군밤 장수들이 주로 사용하던 단택도 일본 도입종으로, 그때 들여왔다. 밤도 종류가 다양하다. 그중에 '대명왕밤'이 있었다. 경남 합천군의 농부가 육종한 품종으로 무게가 평균 80g 나가는 대형 밤이다. 당시 몇 가지 밤을 사면서 왕밤도 같이 구매를 해봤다. 다른 밤과 비교해 보니 두세 배 큰, 달걀하고 비슷한 크기였다. 크기가 크니 조직이 연할 거라 생각했다. 생으로 먹어보니 아삭한 식감에 단맛 또한 훌륭했다. 맛을 보고, 기사를 쓰면서 꼭 한 번 농장에 가봐야지 하다가 몇 해가 훌쩍 지났다. 모든 게 맛있어지는 가을, 어디로 갈까 고민하다가 주저 없이 경남 합천을 선택했다. 대명왕밤이 합

대명왕밤

천에서 나기 때문이다. 대형 품종을 만든 이유는 단순하다. 수매될 때 품종을 떠나 큰 것이 가격이 좋기 때문이다. 여기서 크다는 것은 대략 25g 정도의 밤이다. 40년 가까이 육종하면서 평균 밤 크기의 세 배 넘는 품종을 개발해 냈다. 촌로의 경험이 만들어낸 역작이다.

합천 중앙에 있는 황후의 시장. 상설시장으로 3, 8이 든 날이 되어야 비로소 장터 분위기가 난다. 왜 황후일까? 살짝 궁금했다. 굳이 찾아보지는 않았지만, 시장 입구 카페에 설명이 붙어 있었다. 고려 왕건의 다섯 번째 황후가 합천 출신이라는 이유다. 천 년을 거슬러 올라가야 겨우 만날 수 있는 이를 굳이 21세기에 끄집어낸 까닭이 더 궁금했다. 쓸데없는 궁금함은 아주 잠시, 현실 속 오일장 구경에 나섰다.

시장 물품이 "이제 가을이여" 이야기하고 있다. 단감, 사과도 가을 작물이지만, 시장 여기저기 가득 쌓여 있는 총각무, 배추가 하는 말이

합천 오일장

다. 무와 배추가 전국 각지에서 나오고 있다는 의미다. 한창 더울 때는 강원도에서만 나왔다. 가을은 충청도, 경상도에서도 쏟아져 나오기에 여름보다 저렴하거니와 맛도 좋다. 찬 바람이 불수록 푸성귀의 단맛은 올라간다. 푸성귀 파는 곳에서 멀찍이 떨어져서 바라봤다. 사지는 않더라도 물어보는 이들이 많다. 총각무는 흥정이 끝나면 바로 손질을 한다. 김치 담가본 이들은 알 것이다. 총각무 껍질 벗기는 것이 보통 일이 아니란 것을. 누군가가 대신 까주면 참 편하겠다 싶은데, 그걸 해주고 있다. 한 곳만 그런 것이 아니라 총각무 파는 곳은 다 그렇다. 마트와 다른 오일장만의 판매 서비스다.

시장을 돌아다니면서 계속 찾은 물건이 있었다. 가을이면 꼭 사 놓는 것이 말린 토란대. 경주, 봉화, 태안, 충주 오일장까지. 가는 곳마다 말린 토란대를 찾았지만 없었다. 이번에는 있겠다는 생각이 들었다. 시기상 토란대를 말리고도 남았을 듯싶었다. 실제로 몇 군데서 판매하고 있었다. 다른 시장에서는 우물가에서 숭늉 찾는 격으로 너무 일찍 찾았다. 마음만 급했을 뿐, 모든 일에는 때가 있음을 가끔 까먹는다.

토란대는 육개장 끓일 때 빠져서는 안 된다. 육개장의 이름은 고기가 주인공이라 이야기하지만, 숨은 주인공은 토란대다. 육개장은 토란대와 대파, 고사리 듬뿍 넣고 끓여야 제맛이 난다. 토란대가 빠진다? 그럼 육개장이 아니라 국밥이다. 국물 잔뜩 머금은 토란대 씹는 맛이 있어야 육개장이다. 집에서 가끔 육개장이나 닭개장을 끓인다. 이번에는 장터에서 돌아와 닭개장을 끓였다. 냉장고에 있는 토종

닭 한 마리 삶아 국물 내고는 불린 토란대 잔뜩 넣고 끓였다. 가을 햅쌀로 밥도 지었다. 가을이 듬뿍 들어 있는 한 상이었다. 전어와 낙지만 가을에 맛있는 것이 아니다. 쌀도, 토란대도 가을이 가장 맛있다.

구경을 얼추 끝내고 밥 먹을 생각으로 시장 골목을 다녔다. 시장 한편에 유명한 백반집이 있지만, 맛있게 먹으려면 2인분 이상 주문해야 한다. 그렇게 할까 하다가 문 열릴 때까지 시간이 남아 구경을 더 했다. 시장통에는 국숫집, 순대국밥 집도 있었지만 내 선택은 수제비. 칼국수와 수제비 둘 중 선택하라면 대부분 칼국수를 선택하겠지만 나는 언제나 수제비다. 어릴 때 집에서 칼국수 하는 날이면 엄마는 따로 수제비 한 그릇을 끓였다. 칼국수 먹지 않는 막내를 위해서 말이다.

할매수제비

성인이 된 지금도 이상하리만큼 칼국수는 좋아하지 않는다. 그렇기에 수제비 선택은 당연한 일. 게다가 좁은 골목에서 진하게 풍기는 멸치 육수 향을 그냥 지나치기가 어려웠다. 기다란 테이블과 의자가 놓인 작은 가게에 앉아 수제비 한 그릇 주문했다. 얼마 지나지 않아 시장 구경 나온 듯한 할배 두 분도 자리를 잡았다. "아재 바쁘요?" "왜요?" "아니 안 바쁘면 같이 끓여도 되나 싶어서요." "아… 예." 사실은 시장 구경은 이미 끝냈고, 올라가는 길에 김천에서 미팅 약속이 있었다. 시간이 얼마나 지체되겠나 싶어 그리하라고 했다.

수제비가 내 앞에 놓였다. 옆 할배들보다 양이 조금 더 많았다. 부러 더 넣어준 듯싶었다. 막 나온 수제비는 뜨겁다. 처음부터 숟가락으로 먹다가는 입술 덴다. 젓가락으로 먹다가 숟가락으로 옮겨야 한다. 수제비를 씹는데 살짝 매운맛이 숨어 있다. 국물을 먹어보니 매운맛이 또렷해졌다. 맑은 국물에 감자와 수제비 외에 고추 같은 건 보이지 않았다. 뭐지 하며 먹다가 나중에 보니 고추 짠지가 바닥에 깔려 있었다. 맛 포인트가 마지막에 본모습을 드러냈다. 이 집은 수제비 하나만 한다.

지역마다 소 브랜드가 있고 이름난 생산지와 소비지가 있다. 합천은 삼가면이 생산지로 유명하다. 합천 한우를 저렴한 가격에 먹을 수 있는 식당들이 모여 있다. 대명왕밤농장 가는 길에 삼가면을 그냥 지나쳤다. 소고기라는 게 지역마다 맛의 차이가 있다고들 한다. 나는 구별을 못하기에 굳이 찾아 먹지 않는다. 농장 일 보고는 합천 영상테마파크를 찾았다. 드라마와 영화 촬영지로 유명한 곳이지만 내 목적지는 아니었다. 테마파크 입구에 있는 로컬푸드 매장이 목적지였다.

1층은 로컬푸드 매장, 2층은 합천의 농산물로 만든 음식을 내는 식당이다. 오일장 취재마다 제일 먼저 찾는 것이 로컬푸드로 만든 음식이다. 있으면 찾아가서 먹는다. 역사에서 꼬투리 하나 잡아 침소봉대한 이야기가 가득한 특산물보다 훨씬 맛있기 때문이다. 2층 식당은 전망이 좋았다. 앞으로는 합천호 보조댐이, 뒤쪽은 테마파크가 한눈에 들어왔다. 백반 하나만 한다. 한상차림은 아니고 자율배식이다. 밥과 몇 가지 찬과 국이 전부다. 화려함은 없어도 진솔함이 가득하다. 보통은 바깥에서 식사할 때 물을 자주 마신다. '단짠'한 음식이 많기 때문이다. 여기는 간이 적당히 맞아 물의 도움이 굳이 필요 없다. 한동안 농가 맛집이라고 해서 한정식 비스름한 콘셉트를 정부 정책으로 민 적이 있다. 어떤 농부가 저리 먹었을까 싶을 정도의 과한 상차림이었다. 게다가 구색을 맞추기 위해 수입 식재료를 사용하기도 했다. 그런 거품 가득한 한정식보다는 반찬 하나하나 정성이 든 이런 밥상이 더 좋다. 지역에서 로컬푸드를 찾는 이유다.

합천은 밤이 유명하다. 보통 특산물이 유명하면 이상하리만큼 빵으로 만드는 데 집착한다. 대게, 단풍, 사과, 황태 등등. 모양은 각 특산물과 비슷하게 만들지만, 속은 대동소이. 팥이거나 커스터드이거나다. 밤빵이 있겠거니 했다. 밤빵은 없고 밤을 넣은 파이는 있었다. 그것 말고도 밤 속껍질인 율피로 만든 음식도 있었다. 가루 낸 율피를

행복한 농부

율피카페

찹쌀 반죽에 넣어 떡을, 밀가루와 섞어서는 피자를 만든다. 돈가스와 파스타도 있었다. 피자를 주문하니 율피떡이 같이 나왔다. 잘 치댄 떡에 팥소를 넣어 적당한 단맛이 꽤 괜찮았다. 율피는 도우 반죽에도 사용하지만 다른 견과류 가루와 섞어 작은 크기로 반죽해 토핑을 했다. 율피가 건강에 좋다고 해도 일단 음식은 맛있어야 하는 법. 피자도 서울 유명한 집 못지않게 맛있거니와 올려진 밤 토핑도 색달랐다. 가족 단위로 방문한다면 돈가스와 파스타를 같이 주문해도 좋을 듯싶다. 특산물을 활용한 음식이 특별할 필요는 없다. 일상에서 즐길 수 있다면 그만이다.

상점 정보

- 대명왕밤농장 **주소** 경상남도 합천군 삼가면 하판로 244-5 **전화** 055-932-4210
- 할매수제비 **주소** 경상남도 합천군 합천읍 옥산로 44 1층 **전화** 055-932-0062
- 행복한 농부 **주소** 경상남도 합천군 용주면 합천호수로 757 **전화** 070-7755-9680
- 율피카페 **주소** 경상남도 합천군 봉산면 서부로 4287 **전화** 055-931-9311

전라남도 곡성

가을

뭣이 중헌디?
작아도 아기자기한 곡성 오일장

가을이다. 가을에는 뭣이 중헌디? 곰곰이 생각했다. 종자다. 농부는 수확과 함께 내년 농사에 지을 종자 또한 거둬들인다. 농사는 이렇게 생존과 번식의 중심이었다. 거둬들인 낟알을 이듬해에 논이며 밭에 뿌리고 심었다. 자연스러운 모습이었다. 농촌에 종자 회사가 들어오면서 이런 모습은 사라지고, 씨앗은 사야 하는 거로 바뀌었다. 사야 한다는 게 문제는 아니다. 동네마다 특색 있던 쌀이며 푸성귀의 맛이 사라지는 것이 아쉬울 뿐이다. 아쉬움도 잠시, 아쉬운 놈이 우물 판다

고 사라지는 종자를 발굴하고 다시 퍼트리는 역할을 하는 분들이 곡성에 있기에 찾았다. 가을날, 어디를 가든 다 맛있다. 그중에서 곡성을 선택한 큰 이유는 '토종씨드림'이 있기 때문이다.

곡성장(3, 8장)이 열리기 전날에 토종씨드림을 찾았다. 오일장보다도 여기가 먼저였다. 산을 개간한 넓은 밭에 다양한 채소를 심고, 수확해서 필요한 사람들에게 나눔을 한다. 제주에서 구억배추 씨앗을 찾아내서 전국으로 퍼트린 곳이 토종씨드림이다. 이런저런 이야기를 나누고 떠나기 전 토종 배추 구경했다. 다른 배추는 없었고 '조선배추'만 있었다. 토종 배추는 결구하지 않는다. 즉 속이 차지 않는다. 얼갈이 비슷하다고 보면 된다. 이야기 들으며 벌레가 적당히 먹고 떠난 배춧잎을 따서 먹었다. 전에 느껴보지 못한 진한 향이 입 안을 맴돌았다. 수분이 많고 고소한 지금의 배추와는 사뭇 달랐다. 지금 배추의 원종은 중국 산둥성 배추다. 속이 꽉 들어차지는 않지만 씹는 식감과 고소, 구수, 달곰함을 모두 가진 것이 토종배추의 매력이다.

곡성장이 가장 크지만 옥과장(4, 9장)은 작아도 아기자기한 재미가 있다고 한다. '선수들'보다는 할매가 많다고 한다. 곡성 오일장터에는 비와 바람을 피할 수 있도록 천장이 있었다. 코로나19의 영향으로 입구에서는 여전히 체온을 재고, 출입을 등록하고 있었다. 시장을 한 바퀴 돌았다. 시장 탐색이 먼저다. 단골이야 가던 곳을 가면 되지만, 외지인은 탐색이 중요하다. 돌다 보면 비슷한 가격에 물건이 좋고 나쁨이 보인다. 늦가을의 곡성장은 토란과 생강이 주인공이었다. 한쪽의

모짜르트 제과점

잡곡 상은 팔고 사느라 정신이 없지만, 앞에 놓인 바구니마다 두 작물이 빠지지 않고 있었다. 생강은 좀 크다 싶으면 중국 종이다. 토종 생강은 작다. 아린 맛이 적어 엿이나 조청 만들기에 적합하다. 시장을 돌다가 청과 차를 만들 요량으로 줄기와 잎이 싱싱한 녀석으로 골랐다. 생강 줄기는 버리는 것 아닌가 싶지만, 아니다. 버려서는 안 된다. 잎과 줄기에도 뿌리만큼이나 다양한 성분이 있어 활용하면 좋다.

생강차를 만든다 생각하면 껍질 까는 게 일이라서 쉬이 덤비지 못한다. 햇생강으로 할 때는 흙만 잘 털어내도 된다. 껍질이 얇기도 하거니와 껍질에도 향기 성분이 있으므로 굳이 고생할 필요가 없다. 집에 와서 줄기와 잎을 깨끗이 씻은 다음 물 넣고 푹 고았다. 줄기와 잎은 버리고 그 물에 생강(뿌리) 넣고 다시 끓여 차를 만들었다. 많은 이들이 생강의 가식 부위를 뿌리라고 알고 있다. 뿌리가 아니라 영양분을 저장하는 덩이 형태의 줄기다. 마늘, 고구마, 감자와 같은 형태다.

지금까지 땅 위 줄기는 버렸다. 버릴 필요가 없다. 줄기와 잎에도 덩이줄기 못지않게 유효 성분이 많다. 차를 끓이면서 밑동의 분홍색 부분을 씹어보니 양하와 비슷한 맛이 났다.

생강만큼 많은 것이 토란. 전국 토란 생산량의 40%가 곡성에서 난다고 한다. 합천장에서 찾아 헤맸던 토란대가 곡성장에는 지천이다. 시장 이곳저곳에서 할매들이 이야기를 나누며 토란 껍질 까는 데 여념이 없다. 작지만 빛나는 토란이 있어 물어봤다. "이거 뭔가요?" "토란 새끼, 큰 놈이 있으면 작은 놈이 있을 거 아녀, 그거 씻은 거."

토란 파는 할매들 사이에서 딴짓(?)하는 할매가 눈에 띄었다. 이야기를 나누다가도 조용히 할 일을 하고는 다시 이야기 속으로 참전. 붕어빵 파는 할매다. 붕어빵 기계가 희안했다. 작은 할매 몸에 최적화된 듯 딱 맞는 크기였다. 반죽을 붓고, 팥소를 넣고, 뚜껑을 닫고, 꺼내고. 모든 과정을 이야기 다 나누고 나서 한다. 그런데도 나오는 붕어빵의 색이 일정했다. 할매의 몸이 최신식 센서와 같아질 정도로 오랜 시간 그 자리에서 구웠기 때문인 듯싶었다.

옥과천, 보성강, 섬진강 세 개의 하천이 흐르는 곡성. 질 좋은 토란 나오기 딱 좋은 환경이다. 토란 관련한 음식도 많다. 여기도 토란빵이 있고 토란만주가 있다. 읍내에 모짜르트 제과점에서 우리밀과 토란으로 빵을 만든다. 모양만 흉내 낸 빵과 달리 토란으로 소를 만들거니와 다양한 토란빵을 만들고 있다. 모짜르트 제과점 외에도 여러 식당과 카페에서 토란을 넣어 만든 들깨탕, 부각, 육개장, 버블티, 스콘, 아이스크림 등 다양한 음식을 즐길 수 있다. 다녀본 지자체 중에서 특산물 활용을 가장 잘하는 곳이 아닌가 싶다.

곡성은 섬진강이 지난다. 아래로는 보성강이 지나기에 깨끗한 하천에서 다슬기가 많이 잡힌다. 그 덕에 다슬기 음식점이 많다. 다슬기 수제비 맛은 참기 어려운 유혹이지만 이번에는 용케 건너뛰고 참게 수제비를 택했다. 섬진강의 참게는 임진강의 참게와는 다른 종이다. 가을을 흔히 참게 철이라고 하는데 종에 따라 다르다. 임진강 참게는 가을에 알을 품고, 섬진강 동남참게는 봄에 알을 품는다.

미리 전화하고 가야 함을 몰랐다. 주문하고는 한동안 넋 놓고 있었다. 참게수제비는 1시간 전에는 미리 예약해야 한다. 게살을 발라내는 등의 수고가 필요하기 때문이다. 시간이 지나 주문한 수제비가 나왔다. 우선 국물, 다슬기가 시원한 맛을 낸다면 참게는 구수함과 단맛으로 가득했다. 갑각류 특유의 국물이 제대로였다. 보통 수제비는 뜨거우므로 처음에는 젓가락으로 먹는다. 참게수제비는 그래서는 안 된다. 국물, 참게 살, 수제비를 숟가락으로 한 번에 떠서 먹어야 한다. 그래야 제대로 된 맛을 느낄 수 있다. 곡성~구례 출장길에 고민할 듯싶다. 짜장면과 짬뽕의 선택처럼 다슬기와 참게 사이에서 말이다. 다슬기수제비도 맛나지만 참게수제비 '짱'이었다.

산이 좋은 남쪽 지방에는 흑돼지 농장이 제법 있다. 김천, 함양, 장수, 남원 등 지리산과 덕유산 자락이 대표 산지다. 곡성은 높은 산은 없지만, 산지가 제법 많은 곳이다. 석곡면은 곡성에서도 이름난 흑돼

◀ 참게수제비, 처음 맛보고 나서는 '최애' 수제비가 됐다.

진미식당

지 산지로, 돼지불고기가 유명하다. 토종씨드림이 있는 농장 또한 석곡면에 있기에 흑돼지 숯불구이를 먹기 위해 면 소재지를 찾았다.

그런데 주차하고 식당으로 가는 길에 중국집으로 빠졌다. 가는 길에 본 흑돼지 짜장, 흑돼지 간짜장, 흑돼지 짬뽕 메뉴. 애써 모른 척하고 가다가 숯불구이 집 앞에서 결국 되돌아섰다. 짜장면의 유혹을 거절할 수 없었다. 탕수육도 흑돼지로 한다는데 혼자인지라 주문하지 못하고 간짜장만 주문했다. 웍 돌리는 소리가 들리고는 이내 간짜장이 나왔다. 짜장면 고명으로 있어야 할 달걀프라이, 오이채, 완두콩 세 가지가 모두 올려져 있었다. 일단 합격. 볶은 짜장으로 코를 갖다 대니 고소한 냄새가 침샘을 자극했다. 사진을 찍는 둥 마는 둥 하고는 바로 비볐다. 타이밍을 놓치면 안 되기 때문이다. 흑돼지 기름으로 볶는지 물었다. 돼지기름으로 볶으면 맛이 있는데 싫어하는 사람이 있어 간 돼지고기를 콩기름에 볶아서 사용한다고 한다. 짜장면은 맛없기도, 맛있기도 어려운 음식이다. 일단 여기는 맛있다. 남해 고속도로를 타고 가다가 밥때에 곡성을 지난다면 석곡 IC로 빠져서 먹고 갈 집이다.

상점 정보

- 모짜르트　**주소** 전라남도 곡성군 곡성읍 중앙로 93-1 **전화** 061-362-3734
- 나루터　**주소** 전라남도 곡성군 죽곡면 하한길 3 **전화** 061-362-5030
- 진미식당　**주소** 전라남도 곡성군 삼기면 곡순로 1260 **전화** 061-362-3035

전라남도 영암

가을

육장에 푹 찍은 영암 생고기, 그야말로 예술이다

전라남도 영암. 원래는 독천면까지 바닷물이 들어왔었다. 그때 낙지 산지로 누리던 영광이 지금까지 내려와 낙지 골목을 형성하고 있다. 지금은 하구언과 영암 방조제에 막혀 더 이상 바닷물이 들어오지 않는다. 26년 동안의 출장길에 완도, 진도 또는 해남 출장길이 잦았다. 그동안 꽤 많이 다녔지만, 영암을 가기 위함이었던 적이 한 번도 없었다. 나주로 해서 영암을 스치듯 지났다. 강진에서 바라보는 월출산 정상은 바위로 성을 두른 듯 강렬한 모습이었다. 기억 속의 영암은 낙지와 월출산, 그리고 무화과였다.

영암 오일장은 달력에 5, 0일이 있는 날 열린다. 11월 15일에 열리는 장을 보러 영암으로 향했다. 오일장이 열리기 전날에는 아무도 없었다. 시장 내 문 연 곳이 없어 시장이 맞나 싶을 정도였다. 대부분 시골 장터 모습이 이렇다. 개미 새끼 하나 없던 시장이 장날만 되면 사

영암 오일장

망둥이

람이 모이고 활력이 생긴다. 물류와 교통이 발전해도 오일장이 유지되는 이유는 사람이 그리워서인 듯싶다. 사람이 감소하는 농촌에서 그나마 어울려 사는 모습을 느낄 수 있기에 계속해서 장터가 열리고 닫힌다. 이른 아침 장터는 사람으로 북적였다. 장터를 오랫동안 다니다 보니 매번 처음 가는 장터에서도 대충 어떤 식재료가 많을 거라고 예상은 한다. 하지만 계절이 바뀔 때는 생각보다 상품이 없을 수가 있다. 이번 영암장이 딱 그 경우였다. 그래도 무화과는 있을 듯싶었다. 영암은 무화과 산지로 유명한 곳. 끝물이라도 어느 정도 있겠다 싶었지만, 없었다. 끝물의 농수산물은 사는 게 아니다. 이는 맏물도 마찬가지다. 특히 맏물은 가격만 비싸고 맛도 없다.

11월 중순의 영암장은 끝물과 맏물이 교차하는 시기, 수도권과 중부 내륙은 김장 준비가 한창이지만 영암은 아니었다. 날이 푹해 11월 말이 되어야 슬슬 준비한다. 그리고 그 시기가 돼야 주변 밭에서 재배하는 배추에 맛이 제대로 든다. 12월의 영암 배추는 달곰하다. 수도권에서 김장한다면 배추는 전남이 영하권에 근접할 때 사야 한다. 가장 달곰한 배추를 살 수 있는 적기다. 기온이 떨어지는 것과 비례한 단맛이 배추에 깃든다. 이는 무도 마찬가지고 갓도 그렇다. 영암 취재 기사가 나갈 즈음(11월 26일)부터 남도의 배추와 무에 제대로 맛이 들 것이다.

방조제로 막힌 곳 이쪽은 민물, 저쪽은 바다다. 그 모습이 어물전에도 그대로 드러난다. 민물 줄새우와 바다 새우인 중하가 나란히 놓여 있다. 생선도 붕어 옆에 제철 맞은 망둥이가 손님을 기다리고 있다.

'숭어가 뛰니 망둥이도 뛴다'는 속담이 있다. 11월에서 12월 사이 망둥이 앞에서 했다가는 꼬리지느러미에 귀싸대기 맞기 쉽다. 이 시기의 망둥이는 겨울 제철 생선 못지않게 차지고 기름지다.

영암장은 이웃한 해남에 비해 장터 규모가 크지 않았다. 약간 서운함이 밀려왔지만, 영암에서만 살 수 있는 것이 로컬푸드 매장에 있었다. 수많은 산지를 다녔어도 생고기 파는 곳은 처음 만났다. 생고기, 육사시미, 뭉티기 전부 같은 음식을 칭하는 단어다. 전라도는 생고기, 경상북도는 뭉티기라 부른다. 수도권은 육사시미가 대세. 암튼 영암 로컬푸드 매장의 정육 판매대에서 생고기를 판다. 생고기 팔기는 쉽지 않은 일. 아침 일찍 도축한 소의 엉덩잇살만 따로 떼야 하는 번잡함이 있다. 소는 도축하고 나서 하루 동안 숙성해야 한다. 하지만 생고

생고기

기용 부위는 예외다. 도축 당일 출하가 가능하다. 오전에 일찍 가면 못 산다. 생고기는 오전 11시가 되어야 판매한다. 도축하고 작업하는 시간이 필요하기 때문이다. 전라도에서 생고기를 먹어본 사람은 그 차진 식감을 안다. 고추장과 참기름, 다진 마늘로 만든 육장에 푹 찍어 먹는 맛은 예술이다. 술 좋아하는 사람은 소주 한잔이 생각날 것이다. 술 안 마시는 사람은 따듯한 밥 위에 생고기 한 점, 그리고 육장을 올려 먹으면 된다. 좋은 안주와 좋은 반찬은 상통한다. 영암에 간다면 생고기는 무조건 사야 할 아이템. 필자가 샀던 날은 100g에 6천 원이었다. 같이 간 작가는 500g 사서 그날 저녁 네 식구가 바로 해치웠다고 한다. 도축장이 쉬는 주말과 휴일에는 팔지 않는다. 이는 주말에 생고기 전문점에서 다른 건 팔아도 생고기는 없는 이유와 같다.

영암으로 향하면서 무엇을 먹을까 고민했다. 일단 낙지는 제외. 누구나 아는 지역 대표 음식은 취재에서 가능한 한 뺀다. 영광 굴비 정식, 포항 물회, 영덕 대게 등 취재를 했지만 기사에는 올리지 않았다. 이름난 것 외에 다양한 먹을거리가 있음에도 대부분 사람들이 그것만 찾기 때문이다. 음식점을 찾다가 발견한 곳, 삼겹살만 판다. 나오는 찬도 거의 없다. 게다가 공깃밥이 아니라 커다란 사발에 막 퍼서 나오는 밥도 매력적인 모습이었다. 삼겹살을 팔면 보통은 목살이 세트처럼 있는데, 심지어 목살조차도 없다. 안 갈 수가 없었다.

서울에서 새벽에 출발, 얼추 11시경에 첫 손님으로 입장했다. 잠시 기다리는 사이 불이 들어오고 간단한 찬이 깔렸다. 돼지고기라는 것

금동숯불구이, 밥도 고기도 맛있었다.

이 동네마다 큰 차이가 있는 것은 아니다. 차이를 내는 것이 같이 나오는 찬이라든지 아니면 장에 있다고 생각한다. 이 집의 가장 큰 특징은 바로 새우젓이다. 새우젓은 족발, 보쌈, 순댓국 등에 빠지지 않는다. 하지만 삼겹살 구이 집에서는 보기 힘들다. 여기는 새우젓을 내는데 제대로다. 이 집을 선택한 가장 큰 이유다. 따로 주는 들깻가루도 매력 있지만, 새우젓이 있어야 그 매력도 제대로 난다. 보통 식당에서 내는 새우젓을 보면 젓국이 흥건할 정도다. 새우젓에 물을 타고 조미료와 소금을 더해 양을 늘린 것이다. 그런 새우젓을 만나면 먹지 않는다. 어차피 요리하면서 조미료가 들어간 것에 조미료 더할 필요가 없기 때문이다. 쌈을 들고 밥을 올린다. 그 위에 고기, 그리고 새우젓을 더해 먹는다. 그다음은 들깻가루에 찍어 먹는다. '저 밥은 언제 다 먹나' 싶지만 금세 사라진다. 같이 나오는 우거짓국도 맛있다. 이런 시골 동네에 누가 와서 먹을까 싶은데 계산하고 나가는 사이 차가 밀려

순덕이네 문어볶음

먹었던 토종닭구이 중 가장 특별히 맛이 없었다.

들어온다. 몇 번 지면에서 이야기했다. 메뉴 하나만 파는 곳은 다 이유가 있다고 말이다.

앞서 말했듯 영암은 낙지가 유명하다. 독천면에 낙지 골목이 있을 정도다. 하지만 나의 선택은 낙지가 아닌 낙지 사촌, 문어다. 영암 읍내에 문어볶음 잘하는 곳이 있어 찾았다. 보통 문어 하면 숙회. 잘 삶은 문어를 얇게 저며 초장에 찍어 먹는다. 쫄깃한 문어 식감을 즐기기에 손색이 없다. 색다른 음식으로는 강원도 고성에서 먹었던 문어국밥도 있었다. 문어라면은 제주도 해안 도로 가다 보면 볼 수 있는 메뉴. 먹어본 적은 없다.

홍합과 문어를 매콤하게 볶아 낸 요리가 문어볶음. 볶은 다음 깻잎을 살포시 얹어 나온다. 볶은 문어에 깻잎을 같이 먹으니 문어의 쫄깃함과 매운 양념, 향긋한 깻잎 향의 조화가 참으로 좋았다. 무채와 김가루, 달걀부침까지 얹은 밥이 나온다. 매운 문어볶음을 더해 비벼 먹는다. 볶음 요리에 비빔밥이 빠지면 섭섭하다. 구이판에 볶음밥이 빠지면 안 되는 것과 같다. 영암에서 낙지 말고 다른 것을 찾는다면 문어볶음이 좋다. 같이 나온 밑반찬도 숫자만 채우는 녀석들이 아니다.

저녁에 소주 한잔하면서 토종닭 코스를 주문했다. 지역을 다니면서 가능하면 먹으려고 하는 것이 토종닭구이와 로컬푸드다. 오일장 책 1권『오는 날이 장날입니다』의 여수 편에서 언급한 닭구이는 인생 닭구이였다. 여수, 구례, 순천과 달리 영암의 토종닭 요리는 코스다.

영암은 매콤하게 무친 주물럭을 중심으로 껍질구이, 회무침, 백숙, 죽으로 마무리한다. 코스만 보면 나쁘지 않다. 속을 들여다보면 굳이 이렇게까지 형식을 차려야 하나 하는 생각이 든다. 예를 들어 구례는 구이에 집중하고 해남은 주물럭에 방점을 찍는다. 여러 가지를 내다보니 음식의 질이 다른 지역보다 한참 떨어졌다. 회무침은 간이 없었다. 가장 맛있어야 할 토종닭껍질구이는 기름 맛만 났다. 맛만 보고는 주물럭에 넣어서 같이 볶으니 그나마 괜찮았다. 구례나 순천, 해남에서 토종닭을 먹어본 이에게는 추천하지 않는다. 토종닭으로 다양한 요리를 즐길 수 있음을 알고자 하는 초심자에게 추천한다. 진짜 '뭣이 중헌디' 알 수 있을 것이다.

상점 정보

- 금동숯불구이 **주소** 전라남도 영암군 신북면 고분로 1014 **전화** 061-472-9616
- 순덕이네 **주소** 전라남도 영암군 영암읍 농암로 77 **전화** 061-473-6387

충청남도 당진

가을

제철을 기다리는 동안 맛난 뼈국 한 그릇!

충청남도 당진, 명절 대목장을 보러 갔다. 명절 지나고 보름 정도는 장이 잘 서지 않는다. 장이 서더라도 몇 사람만 겨우 소일거리 하러 나오는 수준이다. 명절 전 갈 수 있는 장날을 따졌다. 칼럼의 마감과 취재 여건이 맞지 않았다. 당진 오일장(이하 당진장)은 5와 0이 든 날에 장이 선다. 내가 간 날은 8, 9일. 추석날이 장 서는 날이었다. 오일장 날짜와 맞지 않더라도 시장에는 사람이 북적거릴 것으로 생각했고 실제로 대목 맞은 장날의 모습이었다. 시장 다닌 4년 차의 짬밥은 '역시나'였다.

오랜만에 가는 당진, 그사이 수도 없이 스쳐 지났다. 당진만 오롯이 보고 가는 것은 실제로 10년 만인 듯했다. 낚시 좋아하기에 붕어를 낚든 루어 낚시를 하든 시즌이 시작하면 봄부터 초겨울까지 뻔질나게 당진을 드나들었다. 한보철강이 현대제철로 바뀌었어도 석문방조

제는 여전히 그 자리에 있었다. 방조제는 루어 낚시 최고의 연습장이었다. 바다 쪽 방조제는 두 계단 아래부터 바다였다. 물이 빠지기 시작해 두 번째 계단이 드러날 때가 고기 잡기 딱 좋을 때였다. 가을이면 방조제 수문 근처에서 어른 팔뚝만 한 삼치도 잡았다. 당진 시장에 가는 길, 일부러 송악 나들목에서 나왔다. 제철소를 지나 성구미 포구에서 시작해 도비도까지 갔다. 석문방조제는 일정 거리마다 숫자가 적혀 있다. 숫자를 지나다 보니 추억은 더 또렷해졌다.

당진 오일장은 당진 상설시장 주변에서 열린다. 당진시장은 대기업과 재래시장의 상생 시장으로도 유명하다. 대기업의 슈퍼마켓이 2층에 들어섰다. 카페와 문화센터가 입점했고 1층은 어시장으로 구성되어 있다. 당진 이후로 몇 개의 지역 시장에 이런 상생 모델이 들어섰다. 당진장은 중심에 상설시장을 두고 좌우로 늘어선 모양이다. 정상적으로 열릴 때에 비해 규모는 15% 정도 작다. 봄철에 잠깐 들려 오일장 구경했었다. 아마도 선수들, 장꾼들이 당진장 외에 추석 대목장이 서는 곳으로 가서 그럴 듯싶다.

추석 대목에 가장 바쁜 곳은 떡집. 시장통에 있는 떡집은 불난 호떡집처럼 바빴다. 증편 나온 것을 선풍기에 식히고 있었다. 두 사람이 빠른 손길로 찜기와 떡을 분리하는 것을 보고는 지나쳤다. 다시 돌아와 보니 이제는 커다란 송편이다. 떡집 안에도 아까보다 사람이 많다. 명절 냄새 물씬 풍기는 곳은 역시나 떡집이었다. 시장 한편에 대추가 놓여 있다. 작년에 수확해 말려놓은 것과 이제 맛이 들기 시작한 파란 대추다. 추석은 오곡백과가 무르익는 때가 아니다. 대추뿐만 아니라 쌀도 마찬가지다. 추석 전에 수확하기 위해 조생종 벼를 개발하고, 사과밭에서는 바닥에 반사판을 깔고 호르몬제를 사용해 크기를 키우거나 색을 입힌다. 이런 기술이 없던 시절에 추석은 가을 추수 준비를 하는 절기였을 뿐이다. 명절을 준비해야 한다는 강박관념이 들어서니 과학의 힘을 빌려 작물의 계절을 당겼으나 제철은 당기지 못했다. 원래 추석은 추수를 준비하는 절기일 뿐이다.

시장을 다니다 보니 이상한 문구가 눈에 띄었다. '대하'가 곳곳에 보였다. 대하라는 것이 큰 새우를 지칭하는 왕새우와 같은 말이지만 푯말이 가리키는 것은 다른 새우다. 대하가 세 번 보이면 왕새우는 한 번 보였다. 대하나 왕새우는 흰다리새우를 돌려 말한 것이다. 가을에 맛이 드는 대하를 이용한 불법 판매다. 제대로 흰다리새우를 지칭한 곳은 찾을 수가 없었다. 방송에서 뭇매를 맞은 지역은 흰다리새우라 표시하고 있지만, 그 외에 지역은 여전히 대하나 왕새우라 하고 있다. 이는 당진시의 의지 문제다. 내놓은 것이 좋은 것이 아님을 알아야 한다. 다음 날 일이 있어 간 강화도 또한 마찬가지였다. 양식장에 내건 플래카드에는 왕새우나 대하뿐이었다.

대하는 배 위에 건져올려 그물에서 떼어낼 때 죽는다. 시장이나 식당 수조에서 헤엄칠 틈을 내주지 않는다. 가을에 살아 있는 모든 새우는 흰다리새우라 보면 된다. 가을에 맞추어 출하하는 제철 새우이기에 대하의 이름을 빌리지 않더라도 충분히 맛이 난다. 대하나 왕새우라 이야기할 필요가 없다. 새우 중에 대하와 중하가 있다. 대하보다 작은 것을 중하라 생각하기 쉽다. 둘은 전혀 다른 종이다. 중(中)하가 있으면 소(小)하가 있어야 하는데 없다. 중하는 대하만큼 크지도 않거니와 그 정도로 자라지도 않는다. 시장통 아주머니 한 분이 노란색 숙주 대가리에 묻은 녹두 껍질을 손질하고 있었다. 콩나물은 콩으로, 숙주는 녹두로 키운다. 숙주 나물이 아니라 녹두 나물이 맞지 않나 하는 생각을 잠시 하곤 지나쳤다.

시장을 봤으니 숨을 돌리면서 출출한 속을 채우기에는 군것질만한 것이 없다. 시장 먹거리에는 어묵, 호떡, 족발, 도너츠 등이 있다. 만두나 찐빵, 칼국수도 빠지면 섭섭하다. 이 '빠지면 섭섭한 세 가지'만 하는 식당이 있다. 칼국수 주문할 때 곁다리 메뉴로 만두나 찐빵을 파는 곳이다. 가뜩이나 좁은 식당 안, 제면기까지 있어 더 좁아 보인다. 주문이 들어오면 면을 뽑고 육수를 더한다. 5천 원으로 시장기에 딱 알맞은 양이다. 거기에 찐빵이나 만두(5개, 2천 원)를 더하면 식사로도 손색이 없다. 만두나 찐빵은 반죽을 발효했는지 발효 향이 살짝 난다. 만두소는 당면과 채소가 들어가 있다. 칼국수 파트너로는 손색이 없지만 따로 먹기는 애매모호하다. 의외의 맛이 찐빵이었다. 쫄깃한 빵 사이에 적당한 팥소. 만두 사러 가지는 않겠지만 찐빵 사러 갈 듯싶다.

당진과 예산의 경계점에 김대건 신부를 기리는 솔뫼성지가 있다. '소나무 산'이라는 뜻의 이름에 걸맞게 성지 주변은 소나무가 가득하다. 사실 여기가 목적지는 아니다. 조금 떨어진 곳에 냉면집이 원래 목적지. 차로 5분 거리다. 지방을 다니며 찾는 음식에 냉면이 있다. 작년 이맘때 경북 봉화에서 맛본 평양냉면이나 한여름 강원도 정선에서 맛본 냉면은 가끔 생각난다. 가만히 생각해 보니 광주광역시도 있다. 수도권에 사람이 많다 보니 평양냉면을 서울냉면처럼 여기는 경향이 있다. 지방에 가면 서울서 유명한 냉면집 못지않은 식당들이 제법 많다. 당진시 또한 냉면이 맛난 곳이 있다.

솔뫼성지 갔다가 도착하니 2시 41분. 휴식 시간 전 마지막 주문이 40분까지였다. 할까? 문 앞에서 서성거리니 일하는 분이 불쌍히 여기셨는지 문을 열어줬다. 그 덕에 맛난 냉면 한 그릇 했다. 서울이든 어디든 냉면집 풍경은 다들 비슷해도 여기는 다르다. 냉면 먹다가 고개를 돌리면 창밖으로 하얀 메밀꽃이 반긴다. 꽃밭의 끝에는 파란 하늘이 있다. 입으로 메밀 향을 음미할 때 눈으로는 꽃이 나를 힐링했다. 그렇게 먹다 보면 한 그릇이 뚝딱이다. 메밀 면은 먹는 방식이 있다. 씹을 때 천천히 꼭꼭 씹어야 한다. 처음에는 밋밋했던 맛이 점차 구수해진다. 조금 더 씹으면 가지고 있던 향을 조금씩 내준다. 목으로 넘길 때까지 메밀 향의 여운이 남는다. 냉면은 면치기니 하는 말이 있다. 그게 가능하거나 좋은 사람은 그렇게 먹어야 한다. 그게 더 좋다거나 나쁘다 할 필요가 없다. 나는 냉면 먹을 때 입에 조금 넣고 조곤조곤 씹는다. 면을 넘기고는 육수를 마신다.

당진을 갈 때 한 가지 메뉴는 정해놓고 있었다. 닭개장은 꼭 먹고

미당면옥

뼈국밥집

와야지 했다. 루어 낚시하러 다니던 20년 전부터 그 자리에 있었다. 낚시하러 가는 길이나 끝내고 올 때 가끔 갔다. 이번에도 오랜만에 한 그릇 해야지 했다가 다른 곳에 갔다. 하루에 50그릇 한정 뼈국이 닭개장을 대신했다. 메뉴는 두 가지 뼈국과 비계찌개. 들어오는 손님 대부분 뼈국을 주문한다. 11시 조금 넘어서 도착한 식당은 거의 만석. 주문하고 자리에 앉으니 그다음 손님부터는 대기다. 한 사람은 요리하고 나머지 한 사람은 상을 차린다. 보통 이런 집은 미리 밥을 공기에 담아놓는다. 여기는 달랐다. 집에서 엄마가 막 지은 밥을 퍼주듯 상차림과 동시에 밥을 담았다. 국이 맛있고 없고를 떠나 기본을 지켰다. 나온 국을 보니 보통의 돼지 등뼈 육수. 국물 색이 다른 곳보다 연하다. 맵지 않고 간도 연해 딱 좋다. 싱거우면 소금을 넣을 수 있도록 했다. 소금 넣는 것도 좋지만, 같이 나온 양념인 새우젓 넣는 것을 추천한다. 새우젓은 새우+소금에 시간이 쌓인 맛을 지닌 조미료다. 감칠맛만 내는 조미료와는 '끕'이 다르다. 잘 삶은 등뼈를 발라 먹다 보면 어느새 밥이 빈다. 참으로 오랜만에 밥이며 국이며 맛나게 먹었다.

상점 정보

- 귀락당 **주소** 충청남도 당진시 당진시장길 99 **전화** 041-352-5270
- 미당면옥 **주소** 충청남도 당진시 합덕읍 합덕대덕로 502-22 **전화** 041-362-1500
- 뼈국밥집 **주소** 충청남도 당진시 서부로 242-1 **전화** 041-355-2939

강원도 철원

가을

오대쌀의 맛을 진정으로 보고 싶다면 여기, 철원

가을이 일찍 찾아오는 곳, 철원을 다녀왔다. 몇 년 전, 민간인 출입통제선 안에 있는 고추냉이 농장 방문 이후 처음이다. 철원을 알기 이전에 우리나라에서 고추냉이를 재배하는 곳은 임실군으로만 알고 있었다. 철원 산지는 임실 고추냉이를 가공하는 분께 소개받아 찾아갔었다. 고추냉이의 톡 쏘는 향기는 주성분인 시니그린 때문이다. 향이기에 시간이 지나면 톡 쏘는 매운맛은 사라진다. 고추냉이 뿌리를 갈아본 사람은 안다. 생고추냉이, 와사비 가루 갠 것을 먹은 이들이 기억하는 톡 쏘는 맛의 정체는 사실 겨자다. '생'이라고 표기한 제품의 뒷면을 보면 고추냉이보다는 겨자 무라든지 이런 것들이 많다. 성분의 출처는 다르지만 그 또한 시니그린은 맞다. 가끔 TV에서 와사비의 톡 쏘는 맛을 살렸다는 치킨 소스 광고를 보면서 혼잣말로 "겨자 맛인데" 한다.

고추냉이는 뿌리만 먹는 것이 아니라 줄기와 잎 모두 먹는다. 철원의 로컬푸드 매장에서 고추냉이 잎이나 줄기로 만든 장아찌를 볼 수 있다. 반찬으로도 좋거니와 고기 먹을 때도 좋다. 가공품에는 대부분 비싼 뿌리는 사용하지 않고 줄기와 잎만 사용한다.

철원으로 가는 길, 참으로 좋아졌다. 포천까지는 고속도로고 그다음부터 국도다. 예전에 갈 때보다 소요 시간이 30분 정도 당겨진 듯싶다. 경기도 포천과 강원도와 경계를 바로 지나면 철원의 중심 신철원이다. 원래 군청이 있던 철원읍과 구별하기 위해 그리 불렀다. 지금의 군청이 있는 갈마읍은 신철원이다. 철원의 오일장은 신철원 전통시장(3, 8일)과 동송시장(5, 0일) 두 개가 대표적이다. 시간 여건

철원 동송시장

이 동송시장과 맞았다. 보통은 오일장 취재를 하러 갈 때 미리 숙소를 예약한다. 이번에는 명절 뒤라 사람이 없겠지 하는 생각으로 그냥 갔다. 이곳저곳 다니다가 저녁에 숙소를 알아보니 몇 곳이 만실이다. 가만히 생각해 보니 철원은 군인의 도시. 주말 면회객이나 외박 손님이 많다는 것을 미처 생각하지 못해 겨우겨우 숙소를 구했다.

동송시장은 웬만한 도시의 재래시장 규모였다. 상가도 어느 정도 활성화되어 있어 오일장에 대한 기대가 컸다. 기대가 크면 실망도 큰 법. 철원 오일장은 여느 강원도 북부의 오일장과 비슷했다. 4년 동안 오일장을 다니면서 실망을 했던 곳 대부분이 강원도 북부 지역이었다. 고성, 양구, 화천, 인제 오일장은 거의 오일장의 명맥만 있을 뿐이

다래

(왼)오대쌀 떡 (오)오대쌀 핫도그

었다. 철원도 마찬가지였다.

상설시장 주위로 드문드문 장이 서 있었다. 시장 주변의 상가는 프랜차이즈 음식점과 술집이 가득한 것으로 봐서는 군인 위주의 상권이 그 원인이 아닌가 싶었다. 농사짓는 할매가 적으니 봇짐 들고 나와 용돈 벌이하는 이도 드물어 여느 오일장과 달리 재미가 없었다. 시장을 몇 바퀴 돌았다. 떡집이 생각보다 많았다. 떡집의 모양새나 간판은 달라도 오대쌀만 사용한다는 문구는 같았다. 오대쌀은 조생종이다. 해가 일찍 지는 강원도 특성에 맞게 육성한 품종으로 철원을 대표하는 쌀이다. 지역 홍보를 위해 일회성 이벤트며 행사를 하기도 한다. 지역 특산물을 손쉽게 접하도록 하는 일은 드문데, 철원은 떡집이나 식당에서 사용하는 쌀이 오대쌀인 경우가 많았다. 잘하는 일이다. 먹어봐야지 맛을 안다. 연예인이 홍보한다고 꾸준히 먹지는 않는다. 경험보다 더 강한 홍보 수단은 없다.

볼 것이, 살 것이 없어도 시장은 시장. 시장을 돌다 보니 어느새 내 손에는 봉투 몇 개가 들려 있었다. 철원의 산중 어디선가 땄을 다래 한 봉지. 다래는 토종 키위라고 보면 된다. 키위라는 게 중국 다래를 뉴질랜드로 가져가 개량한 것이다. 보통 다래나 키위는 후숙 과일이라 여긴다. 그래서 단단할 때 따고 유통하는 사이 익도록 한다. 다래든 아니든 과일은 익은 것을 땄을 때가 가장 맛있다. 다래 하나를 맛보니 새콤한 뒤에 오는 달곰한 맛이 좋았다. 냉장고에 있는 개량 다래와는 다른 단맛이다. 다래는 잘 씻어서 껍질째 먹는다. 껍질을 안 먹는 키위에서는 느끼지 못할 산의 향기가 있다. 봉지 하나는 오대쌀로 만든 가래떡. 딸아이는 다른 떡은 입에도 대지 않는데 유독 가래떡만큼은 좋아한다. 시장 다니면서 주전부리는 잘 안 하는 편이지만 이번 시장에서는 핫도그를 먹었다. 철원 오대쌀로 만든 핫도그라는 설명에 이끌려 맛을 봤다. 철원시장에 간다면 꼭 한 번 맛보길 권한다. 떡도 마찬가지다.

소머리국밥, 이름만 유명한 곳도 있고 진짜로 맛있는 곳도 많다. 강릉 주문진 철뚝집, 서산 고북의 우리집 등이 필자가 손꼽는 집이다. '그 집들보다 못하거나 잘하거나' 하는 소머리국밥의 기준이 되는 곳이다. 사실 국밥, 특히 순댓국을 끓이면서 잡내가 없다는 것은 자랑거리가 아니다. 만일 냄새가 난다면 손님들이 바로 알 테니 말이다. 건더기 또한 부실하면 나부터 외면할 것이다. 철원에서 맛있는 소머리국밥 식당을 만났다. 강남에서 모 증권회사의 강연을 끝내고

소머리국밥

철원으로 출발한 탓에 브레이크타임을 얼마 앞두고 들어갔다. 시장기가 너무 지나치면 맛을 잘 못 느낀다. 여기는 달랐다. 알맞게 익힌 다양한 부위의 소머리고기가 서운하지 않게 푸짐하게 들어 있다. 밥은 오대쌀로 지었다. 공기에 담아놓은 것이 거슬렸지만 언젠가는 개선되지 않을까 싶다. 국물 또한 고기와 밥을 잘 받쳐준다. 고기, 국물, 밥 삼박자가 맞아떨어졌다. 김치는 배춧값이 비싼 데다가 맛도 없는 시기인지라 앞서 말한 기준이 되는 두 곳과 비교하기 어려웠다. 김치 빼고는 아주아주 괜찮은 국밥이었다. 우리나라에서 한 해 잡는 한우가 백만 두. 전국에 있는 소머리국밥 집에서 사용하고도 남는다. 원산지 걱정은 안 해도 된다.

강원도 이북에는 실향민이 많이 산다. 여전히 이북 음식을 만들어 먹고 식당에서 판매하기도 한다. 철원 고석정은 이름난 관광지다. 주변에 온천도 있어 여러모로 구경거리가 많다. 게다가 10월까지 꽃축제도 하고 있으니 주말여행으로는 '안성'맞춤이 아니라 '철원'맞춤이다. 고석정 인근에 함경도식 만두를 내는 만둣집이 있다. "신고산이 우르르~"로 시작하는 '어랑 타령'의 본고장이 함경도 어랑이다. 식당 이름도 '어랑'이다. 여럿이 갔다면 칼국수와 만두가 들어간 전골을 주문했을 텐데 혼자인지라 만둣국을 주문했다. 사골로 육수를 내고 커다란 만두 네 개를 담았다. 만두피를 보니 전분기가 없다. 요새 공장에서 나오는 만두는 전분을 많이 사용해서 익혔을 때 투명하다. 길거리 만두 전문점 또한 공장에서 만든 만두피를 사용하는 곳

어랑손만두국

평남면옥

은 투명하고, 만두피와 속이 따로 논다. 전분이 많이 들어간 만두만 먹어본 이들은 그것을 만두의 맛이라 여긴다. 밀가루로만 반든 피는 먹어보지 못했기 때문이다. 이 집은 만두피에서 전분기를 느낄 수가 없었다. 호박과 고기로 꽉 채운 속을 보드라운 피가 감싸고 있다. 하나는 속을 터뜨려서 국물과 먹고 다른 하나는 고춧가루 섞은 간장에 찍어 먹다 보면 배가 불러온다. 오랜만에 만두다운 만두를 맛봤다.

강원도답게 철원 또한 막국수 집이 많았다. 메밀은 특별한 작물이 아니라 우리나라 어디서든 잘 자라는 고마운 존재다. 게다가 벼나 밀처럼 긴 시간이 아니라 서너 달이면 수확이 가능하기에 꼭 필요한 작물이기도 했다. 막국수와 냉면 사이에서 고민하다가 선택한 것은 냉면. 꿩고기 육수에 사골 육수를 섞어서 냉면을 만든다. 육수를 맛보니 아주 살짝 시큼한 맛이 난다. 꿩 육수의 특징이다. 돼지나 닭 그리고 소 육수와 맛의 결이 다르다. 어디서 맛보기 힘든 육수의 맛이다. 고명 또한 꿩고기만 올려져 있다. 비빔이든 물이든 냉면을 주문할 때 순대를 잊어서는 안 된다. 고소한 아바이순대는 놓쳐선 안 될 맛이다. 냉면과 순대의 조합도 꽤 좋다.

상점 정보

- 성원식당 **주소** 강원도 철원군 갈말읍 태봉로 1589 **전화** 033-452-3105
- 어랑손만두국 **주소** 강원도 철원군 동송읍 태봉로 1831 **전화** 033-455-017
- 평남면옥 **주소** 강원도 철원군 서면 와수로184번길 7 **전화** 033-458-2044

충청북도 영동

가을

자연산 버섯과 올뱅이의 조화, 감칠맛이 두 배

비가 온 탓에 아쉬움을 두고 온 영동 오일장

노란 가을이 먼저 들판에 내려앉는다. 잠시 머물다 이내 산으로 넘어가면 들불 같은 단풍으로 번진다. 10월, 본격 가을의 시작이다. 가을다운 것들이 쏟아진다. 햅쌀은 연중 가장 맛이 있을 때이고, 팥이며 잡곡도 서서히 나오는 시기다. 어디를 가든 모든 것들이 가장 맛날 때, 충북 영동으로 떠났다. 연휴의 시작인 8일, 일부러 아침 7시 전에 출발했다. 수도권만 조금 막히고는 이내 영동까지는 수월하지 않을까 했다. 착각이었다. 나와 같은 생각한 이들이 너무 많았다. 대전까지 갔을 때 시간은 이미 12시가 넘었다. 출발 전, 영동에 너무 일찍 도착하면 뭐 할까? 쓸데없는 고민을 했었다. 1시가 되어서야 겨우 도착했지만, 날은 너무도 좋았다. 다음 날은 비가 왔지만 말이다.

영동군은 포도 생산지로 유명하다. 가을이면 모든 것이 맛나다고 이야기했다. 포도 또한 마찬가지다. 여름에 먹는 포도는 원래 포도 맛의 반이고 가격만 두 배다. 10월은 8월이나 9월과 달리 포도 가격이 저렴하다. 맛은 두 배로 오르고 가격은 반값이다. 지금은 한 송이도 다 못 먹을 정도로 달다. 사실 포도송이 큰 것을 좋아하지만 가격만 비싸다. 크기가 작은 송이는 크기만 작을 뿐 당도까지 모자라지는 않다. 2kg 기준 두 송이 큰 것은 3만 원대, 세 송이는 2만 원 이하다. 선물용이 아니라면 작은 송이를 고르는 게 좋다. 영동의 어디를 가나 쉽게 만나는 게 포도와 감. 영동 시내를 빠져나오면 흔히 보이는 가로수가 감나무일 정도다. 영동의 포도는 달기로 유명하다. 그 덕에 와인 또한 빠르게 발전하고 있다. 오일장 취재 갔던 날에도 영동에서 와인 축제가 열리고 있었다.

영동 오일장은 시내 중심부에 있는 영동 전통시장에서 4와 9가 든 날에 열린다. 오랜만에 장터다운 장터를 보겠다는 부푼 기대감이 있었다. 기대한 만큼 항상 만족할 수 없는 법. 가을을 재촉하는 비에 장터는 서는 둥 마는 둥이었다. 몇몇이 여기저기 삼삼오오 모여 있는 수준이었다. 사방팔방 산으로 둘러싸인 영동이기에 가을에만 반짝 나오는 버섯을 볼 수 있을까 하는 기대가 비에 무너졌다. 비가 온 탓에 능이만 겨우 시장에 있었다. 비가 추적추적 내리더라도 볼 것은 보고 살 것은 사야 하는 법.

시간을 두고 기다리니 사람들이 나오기 시작하면서 홍정이 이루어지기도 한다. 살 것이 있나 보다가 반가운 토종팥을 봤다. 1년 중 이맘때부터 잠깐 나오는 팥이다. "찹쌀하고 밥하면 고소해." 봉지에 담아주던 할매가 한마디 보탠다. 팥은 붉은팥이 대세일 뿐 붉은 것만 있는 건 아니다. 노란 것도, 파란 것도 있다. 콩도 마찬가지다. 비 오는 시장 이곳저곳을 다녔다. 가을 즈음 갔던 충주시장이 생각났다. 충주라면 아케이드 형태의 장이 섰을 것이다. 사고파는 상품에 있어 공통점이 있다. 깻잎지는 충주보다는 파는 곳이 적었지만 비율은 비슷할 정도였다. 가을 시작할 때 노랗게 물들거나 아니면 소금에 절인 깻잎을 팔고 있었다. 먹어본 적이 없기에 쉽게 손이 가지 않았다. 집으로 돌아오면서 든 생각이 고기하고 참 잘 어울릴 듯싶었다. 사진도, 물건도 눈에 띄었을 때 찍고 사야 한다. 오는 내내 깻잎지와 또 하나 안 산 것을 후회한 물건이 있다. 할매들이 삼삼오오 모여 있는 곳에 떡 파는 할매가 있었다. 어떻게 파는지 여쭈니 "천 원에 네 개." "천 원어치만 주세요." "안 돼, 2천 원부터야." 콩고물 묻힌 떡이 먹음직스러웠으나 운전하면서 먹기에는 나중에 청소가 부담스러워 그만두었다. 후회 중 하나가 바로 떡을 안 산 것이었다. 이맘때 예산장에서 산 떡도 맛났던 게 떠올라 후회가 되었다.

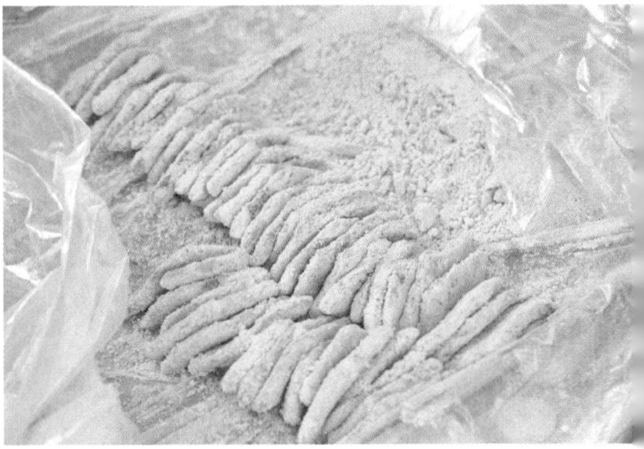

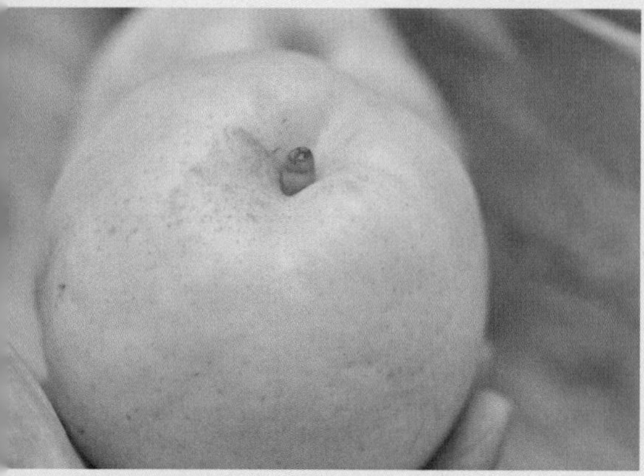

이른 가을에 맛볼 수 있는 신품종 그린시스.

안성식당

오일장과 로컬 매장의 장점은 평소 보기 힘든 것을 가끔 만난다는 것이다. 영동 또한 로컬 매장이 역 앞에 있다. 다른 곳처럼 크지는 않지만, 영동에서 생산한 와인이나 농산물을 살 수 있다. 구경 삼아 갔다가 궁금하던 신품종 배 '그린시스'를 만났다. 색만 봤을 때는 황금배인가 싶었지만, 반점이 없는 거로 봐서 혹시나 했는데 역시나였다. 그린시스는 작년부터 관심이 있던 배로 맛이 궁금했다. 집으로 와서 맛본 배는 과즙이 많고 달곰했다. 한아름과 원황을 합쳐놓은 듯한 풍부한 과즙과 약간의 서걱거림이 좋았다. 껍질이 얇아 사과처럼 껍질째 먹으니 그윽한 배향까지 더해졌다.

영동은 산악 지대다. 태백처럼 높지는 않지만, 사방이 산이다. 산이 있으니 강물이 지난다. 무주 또는 영동에서 시작한 금강 줄기가 흐르면서 다슬기를 내준다. 산과 물 좋은 곳마다 다슬기 식당이 있다. 섬진강과 지리산의 구례나 곡성, 남한강 지류가 흐르는 영월이나 정선 또한 그렇다. 문경도 빠지면 섭섭하다. 다슬기 외에 부르는 지역마다 명칭이 다르다. 문경서는 골뱅이라 부르기도 한다. 여기서는 올뱅이라 부른다. 다슬기로 끓인 국은 대체로 비슷한 모양새다. 된장 바탕에 우거지나 아욱을 넣는다. 맑게 내는 곳도 물론 있다. 들어가는 다슬기의 양이나 된장 맛에 따라 다양한 국물 맛이 난다. 거기에 잘 익은 김치면 그만이다. 영동에서도 특히 황간면에 가면 올뱅이국 파는 곳이 몇 집 모여 있다. 이 동네에 특징은 버섯이 들어간 올뱅이국을 선택할 수 있다는 것이다. 대부분 손님은 올뱅이만 든 것을 고른다. 가격이 만 원 정도 차이가 나기 때문이다. 자연산 버섯이 든 국물 맛이 궁금했다. 처음 간 식당의 능이올뱅이국은 2인분부터였다. 서운했지만 식당 규칙이니 대신 올뱅이국을 택했다. 구수한 된장과 우거지가 잘 어울렸다. 곰삭은 김치와 새콤한 오이김치의 맛이 국물과 어울렸다. 다음 날 아침으로 다른 식당의 올뱅이국을 선택했다. 다행히 여기는 혼자여도 능이올뱅이국을 주문할 수 있었다. 맛보기 전까지는 막연하게 국물이 좋을 거라 상상만 했다. 실제로 맛보니 버섯이 내는 핵산계 감칠맛에 아미노산 계열의 감칠맛이 나는 올뱅이와 된장이 내는 맛이 기대 이상이었다. 자주 먹는다면 만 원 이상의 가격 차이가 부담이겠지만 어쩌다 1년에 한 번 정도, 가을에 먹는다면 내 선택은 능이올뱅이국이다. 경부고속도로 황간 나들목 나오면 바로 있다. 오다가다 밥때라면 들를 생각이다.

돼지갈비 식당은 많다. 다들 수제임을 내세운다. 실제로 돼지의 갈비 부위를 손질해서 내주는 곳은 극히 드물다. 지역의 오일장을 90곳 넘게 다녀봤지만 진짜 돼지갈비를 내주는 곳은 극히 드물었다. 강릉과 인제, 포항 정도가 생각난다. 영동 또한 돼지갈비 메뉴를 내주는 곳이 꽤 있었다. 다른 곳과 달리 여기는 대부분 돼지갈비를 주문하면 돼지갈비를 내준다. 돼지 엉덩잇살을 손질해 수입한 뼈에 붙여 왕갈비라 파는 것이 아니라 모양이 제각각인 진짜 돼지갈비가 나온다. 가격도 저렴해 다른 곳 엉덩잇살 1인분 가격으로 여기서는 2인분에 공깃밥까지 가능하다. 돼지갈비 1인분 가격이 9천 원이기에 그 가격이 나온다. 엉덩잇살로 만든 것을 먹다 보면 달다 못해 질린다. 여기는 은은한 단맛이 매력이다. 생갈비는 1만 2천 원으로 조금 비싸고 예약도

홍릉숯불갈비

청학동

해야 한다. 영동 시내에 있는 웬만한 돼지갈비 집은 돼지갈비를 내준다. 당연하지만 당연하지 않은 일이 되었다.

장날에는 비가 온 탓에 버섯 구경을 못 했지만 제대로 맛본 덕에 서운함은 덜했다. 소백산맥의 중간이 영동인지라 자연산 버섯 내는 곳이 많은데, 특히 영동군 상촌면 일대에 모여 있다. 나처럼 혼자인 사람은 대부분 버섯육개장을 선택한다. 몇 해 전 버섯 산지인 괴산군 청천시장에서 맛본 육개장은 아직도 기억날 정도다. 도시 주변 외곽으로 나가는 길에 있는 버섯육개장과는 맛과 향이 다르다. 여럿이라면 찌개나 전골을 선택한다. 사람들이 선호하는 능이나 송이로 요리한 것도 맛볼 수 있지만 내 선택은 잡버섯찌개. 능이와 송이가 아니기에 잡버섯이라 하지만 찌개에 넣는 버섯은 각각의 이름이 있다. 밀버섯, 가지버섯, 밤버섯, 가다바리(뽕나무버섯부치), 싸리버섯 등이다. 닭다리버섯도 들어가 있다고 했다. 문헌상 독버섯으로 규정하고 있지만, 민간에서는 데친 뒤 찬물이나 소금물에 담가 독성을 빼서 먹는 버섯이다. 돼지고기와 버섯이 내는 국물 맛도 좋지만 각각의 이름을 지닌 버섯의 씹는 맛이 달라 송이나 능이 먹을 때 예상할 수 있는 맛과는 다른 재미가 더해진다. 끝내주는 국물은 덤이다.

상점 정보

- 해송식당 **주소** 충청북도 영동군 황간면 하옥포3길 4 **전화** 043-745-8253
- 안성식당 **주소** 충청북도 영동군 영동황간로 1618 **전화** 043-742-4203
- 홍능숯불갈비 **주소** 충청북도 영동군 영동읍 계산로7길 7-4 **전화** 043-744-1185
- 청학동 **주소** 충청북도 영동군 상촌면 민주지산로 3021 **전화** 043-743-1837

전라북도 정읍

가을

콩이 가장 맛있는 계절, 콩이 가장 맛있는 정읍!

정읍 하면 22년 전 떠났던 출장길이 떠오른다. 타고난 역마살의 시발점이었다. 그 당시 목적지는 정읍이 아니라 전남 영광이었다. 고속도로도 변변치 않던 시절, 서울서 지방 가는 고속도로라고는 경부·영동·호남고속도로만 있었다. 차마다 한 권씩 놓여 있던 지도 책 보면서 찾아가던 길이 재밌었다. 그 재미에 푹 빠져 여전히 다니고 있다. 영광을 가려면 호남고속도로 정읍 나들목에서 빠져나와 국도로 고창을 지나쳐 가는 길이 가장 빨랐다. 구불구불 국도 따라 지났던 황톳길의 여운이 강렬했는지 정읍이나 태인 나들목으로 빠질 때면 "그랬지" 하는 혼잣말과 함께 2000년 풍경이 자동 소환된다. 이번에는 정읍 나들목에서 빠지지 않고 정읍시 태인면에서 잠시 일 보고는 정읍 시내로 갔다.

정읍 시내 샘마을시장에는 오일장이 서지 않는다. 원래는 2, 7일 든 날에 장이 섰다. 사람이 많이 모이자 오일장은 상설시장이 되었다. 정읍 시내 주위의 면에서는 오일장이 선다. 토요일 정읍시장을 구경하고는 3, 8장이 서는 신태인시장을 구경 나섰지만 가는 날이 장날. 시장은 공사 중이었고 주변으로 몇몇 상인만 장을 펼치고 있었다. 정읍시장을 구경하기 전 잠시 내장산을 다녀왔다. 정읍과 내장산은 뗄 수 없는 궁합. 시내에서 조금만 가면 내장산 초입이다. 내장산 구경은 처음이다. 담양으로 출장 가면 가끔 추월산을 지나 내장산을 넘어서 정읍이나 전주에서 고속도로를 올라타곤 했다. 그렇게 지나가며 봤던 내장산이 기억의 전부였다. 아직은 단풍이 잎사귀 끝에 머물러 있다. 11월 초를 지나며 단풍은 본색을 드러낼 듯싶다. 가끔은 내장산에서 산외면 방향으로 길을 잡기도 했다.

한우만

산외면은 한동안 단풍철 내장산처럼 전국에서 사람을 끌어모았다. 지금처럼 동네마다 정육식당이 없던 시절, 마을 전체가 정육식당이었다. 저렴한 수소를 팔던 산외면은 다른 지역과 같이 등급 높은 1+, 1++을 좇아 팔면서 경쟁력을 잃었다. 몇 해 전 가보니 철 지난 단풍처럼 빛바랜 곳이 되었다. 지면을 통해 여러 번 한우 이야기를 했다. 전국에서 매년 백만 마리의 한우를 잡는다. 그중 거세우 비중이 50%가 넘는다. 등급 높은 것 대부분 거세우라 보면 된다. 전국 어디서 1+ 이상의 한우를 먹는다면 대개 거세우다. 거세우는 특징이 있다. 어디서 생산하든 맛이 비슷하다. 횡성에서 먹든, 하동에서 먹든 말이다. 30년 가까이 산지 다니면서, 때로는 한 달에 몇십 마리 소를 잡아보면서 나름의 한우 먹는 기준이 생겼다. 첫 번째는 수소, 두 번째는 암소, 세 번째는 없다. 보통은 마블링 좋은 거세우를 최고로 치지만 필자는 잘 먹지 않는다. 느끼할 뿐, 한우의 특징인 구수한 맛이 없는 소가 거세우다. 정읍 시내에서 수소는 찾을 수가 없고 암소만 전문으로 파는 곳이 있다. 등급은 1에서 2등급으로 송아지 세 번 정도 뺀 암소인 듯싶었다. 거세우에서 맛볼 수 없는 향과 맛이 있다. 가격도 저렴해 살치, 업진, 갈빗살이 포함된 모둠이 600g 기준 9만 원 정도다. 마블링이 없어도 질기지 않다.

시장 보는 법의 제1원칙은 한 번 슬쩍 돌아보는 것. 되돌아오면서 눈여겨본 것을 사야 한다. 가격은 비슷해도 선도가 제각각이기 때문이다. 오일장은 할매들이 가져나온 것들이 제각기 다르기에 보는 재미가 쏠쏠한데, 상설시장이 된 샘고을시장에 그런 재미는 없다. 다만 곳곳에 오래된 점포의 속살을 보는 재미가 있다. 다른 시장보다 방앗간과 팥죽 집이 많은 것이 샘고을시장의 특징이다. 시장의 좌우에 하나씩 있는 튀밥 집은 시간마다 번갈아 가며 뻥뻥 소리를 내는 곳이 샘고을시장이다.

가을에 샘고을시장에서 찾아야 할 것은 바로 '양하'다. 양하는 생강과의 식물로 은은한 생강 향이 일품이다. 봄에 열린 순으로는 나물을, 여름이면 잎은 쌈 채소로 먹는다. 봄, 여름보다는 가을이 양하 먹기에는 제격이다. 땅속줄기에서 뻗어 나온 꽃대가 올라오는 시기다. 흙이 묻은 부분을 잘 씻어내고는 장아찌를 담가도 좋고 튀김을 하면 별미다. 고기 먹을 때 같이 구워도 좋다. 스테이크를 낼 때 살짝 데쳐서 올리면 훌륭한 장식이 되는 것이 바로 양하다. 따듯한 지역에서 난다. 정읍에 단풍 구경하러 간 김에 양하를 산다면 입까지 즐거운 여행이 될 거다. 서늘해진 날씨, 시장 구경하다가 쌀쌀할 때 쌍화차 거리에서 마시는 쌍화차 한 잔이면 그만이다.

가을에 정읍을 선택한 이유는 단 하나, 콩 때문이다. 내장산 주변에서 품질 좋은 콩 농사를 많이 짓는다. 과거 전주 함씨네두부가 정읍 산외 등지에서 계약 재배한 토종 콩을 사용할 정도로 정읍에서는 맛있는 콩을 생산한다. 10월 말, 당연히 좋은 콩이 나는 정읍을 선택했다. 지금쯤 나오지 않을까 해서 갔는데 조금 일렀다. 해콩은 11월 중순이 되어야 나오기에 보름 정도 더 기다려야 한다.

(왼)양하 (오)청국장 콩

정읍 시내에서 부안 방향으로 조금만 가면 두승산콩마을이 나온다. 마을에서 운영하는 식당 이름이다. 콩으로 만드는 음식인 청국장과 두부, 순두부찌개가 주메뉴다. 여럿이라면 전골에 두부김치를, 혼자라면 찌개를 주문하면 된다. 욕심을 내서 순두부찌개와 두부김치를 주문했다. 김치와 두부를 함께 먹기 전 두부만 먼저 먹었다. 고소한 맛이 입 안을 강타했다. 제대로 된 두부를 만났다. 슈퍼마켓에서 흔히 살 수 있는 대기업 포장 두부 열댓 개를 압축한 맛이다. 1년 묵은 콩으로 만들었음에도 쨍쨍한 고소함이 '내가 두부다'를 외쳤다. 글로 표현할 수 있는 한계가 여기까지다. 단풍이 사그라들고 서리가 내리는 늦가을에 가장 맛있는 것이 해콩이다. 콩의 에너지가 가득할 때, 해콩으로 만든 두부는 천하일미이다. 11월이 지날 즈음 다시 한번 맛있는 두부 먹으러 갈 것이다. 가을, 모든 식재료에 맛이 들지만 콩이 제철임을 아는 이는 드물다. 콩이 가장 맛있는 시기가 늦가을이다.

새미찬 국수전문점

귀리빵과 귀리호떡

DIY(Do It Yourself)가 한동안 유행했었다. 스스로 무엇을 만들거나 해내면 즐겁다. 그게 먹을 것이라면 즐거움은 배가 된다. 정읍에 비빔밥을 스스로 만들어 먹는 곳이 있다. 비벼 먹을 수 있는 그릇에는 아주 기본이 되는 것만 담겨 나오고, 11가지 재료를 취향에 따라 선택하면 된다. 산나물이 좋다면 산나물을, 무채가 좋다면 무채를 더 많이 선택할 수 있다. 누군가 정해진 종류와 양에 맞춰 주는 것이 아니라 내가 선택할 수 있다. 게다가 식재료 하나하나 정읍 주변에서 유기농으로 재배했기에 향까지 좋다. 비빔밥 먹을 때 들기름 발라 구운 김과 함께 하면 맛이 배가 된다. 비빔밥이 맛있지만 볶음국수도 잊어서는 안 된다. 청양고추를 더해 매콤하게 볶아낸 국수는 비빔국수와는 다른 식감과 맛이 있다. 맵다고 해도 사람 괴롭히는 매운맛이 아니라 먹을 때만 맵다. 후식으로 직접 만든 식혜가 있어 매운 국수를 먹고 나서 입가심으로도 그만이다. 구운 김과 반찬은 식당 내 매대에서 구매할 수도 있다. 비빔밥과 국수, 참으로 맛나게 먹었다.

동네마다 '한칼' 하는 빵집이 있다. 정읍도 나름 방귀 좀 뀌는 곳이 몇 곳 있다. 그중에서 두 곳을 다녀왔다. 한 곳은 정읍 나들목 직전의 태인면에 있다. 태인에 있는 베이커리는 우리밀과 전분에 귀리를 더해 빵을 만든다. 귀리 구운떡은 아무것도 넣지 않고 귀리가루와 전분으로 만들었다. 처음 맛은 심심하지만 씹을수록 구수한 맛이 입 안을 살살 자극한다. 숨어 있던 단맛은 끝까지 힘을 잃지 않고 맛을 낸다. 심심하지만 매력 가득한 떡이자 빵이다. 귀리가루와 단팥이 만난 귀리호떡 또한 요물이다. 살짝 구워 먹어도 좋고 아니면 그냥 먹어도 괜찮다. 팥은 매장에서 직접 만들기에 고소한 맛이 일품이다. 국내산 팥이라며 통조림에 든 것은 전분이 많아 진득거린다. 여기 팥은 그런 진득거림 없이 적당한 단맛이 깔끔하다. 팥이 맛있으니 우리밀 단팥빵 또한 맛이 없을 수가 없다. 동네에 대기업 빵집 대신 이런 빵집이 있다면 자주 애용할 듯싶다.

◇◇◇◇◇

순창 오일장 취재하러 갔다가 오던 길에 다시 한번 들렀다. 저번에 빵을 조금 샀던 것을 후회와 참회를 하면서 병원에 계신 엄마 드릴 것까지 해서 양껏 샀다.

상점 정보

- 한우만 **주소** 전라북도 정읍시 중앙로 208 **전화** 063-531-9221
- 두승산콩마을 **주소** 전라북도 정읍시 정문들목길 63-1 **전화** 063-536-0199
- 새미찬 국수전문점 **주소** 전라북도 정읍시 정읍사로 538 **전화** 063-531-9032
- 태인베이커리 **주소** 전라북도 정읍시 태인면 태인로 29-1 **전화** 063-534-0602

전라북도 순창

가을

장터는 작아도 잔정이 넘치는 순창 오일장

끄트머리의 가을은 겨울나기 위한 준비의 시간이다. 사람들은 김장을 준비하고 나무는 겨울을 지내기 위해 형형색색 물든 단풍을 떨어뜨리기 시작한다. 마음이 분주해지는 시기에 고추장의 고장, 전라북도 순창군에 갔다. 순창은 필자에게 소중한 곳이다. 갔던 곳마다 추억은 쌓이기 마련이지만, 여기만큼 특별한 곳은 없다.

첫 번째는 고추장 할머니와의 만남. 시간상으로는 2000년도의 일이다. 상품 구매를 위해 물어물어 순창의 문정희 할머니를 만나러 갔었다. 전주에서 임실을 지나 순창으로 가는 길을 지도만 보고 찾아갔다. 점심 전 도착한 필자에게 할머니는 아랫목에서 쌍화탕을 꺼내주셨다. "어여 마셔." 그러고는 한마디를 보탰다. "딸과 이야기해." 이야기는 잘 풀렸고 첫 출장에서 맺은 인연이 벌써 20년도 넘었다.

두 번째는 길이다. 메타세쿼이아 길은 담양이 유명하다. 전국 곳곳

순창 메타세쿼이아 길

◀ 김장 준비가 한창이었다.

(위)순창 뻥튀기 (아래)삶아 먹으면 맛있는 밤콩

에 가로수길이 있지만 가장 좋아하는 길은 담양과 순창 사이의 길이다. 담양과 순창을 연결하는 24번 지방국도, 담양군의 금성면과 순창군 금과면 경계지점은 아름드리 메타세쿼이아가 늘어서 있다. 직선의 메타세쿼이아 공원보다는 돌아가는 곡선의 길이 아련함이 있어 좋다. 여기가 그렇다. 순창 가는 길에 일부러 정읍에서 내려 담양을 거쳐 이 길로 갔다. 4차선 도로로 5분 빨리 가는 것보다는 예쁜 풍경과 같이 가는 느린 길이 더 좋다.

오일장 취재가 얼추 100여 개 가까이 돼가고 있다. 순창 오일장은 1, 6장이다. 다른 지역들은 대부분 매일 열리는 상설시장에 오일장의 활력을 불어넣는다. 순창 상설시장은 건물만 있고 열리지 않는다. 장이 서는 날이 돼야 비로소 일부 점포가 문을 연다. 장이 서면 군것질거리가 있다. 족발, 호떡, 도너츠, 찐빵 등이 유혹을 해도 그냥 지나쳤다. 어디나 있고 비슷한 맛이다. 순창에서 본 걸 산 너머 임실 오일장에서도 볼 수 있기에 더욱 그랬다. 사진 찍고 다니다가 찐빵 가게에서 멈췄다. 가만히 사진을 찍다가 손님 없는 틈을 타 두 개를 샀다. 그리고는 다시 시장을 다녔다.

시장 한편에는 한과 공방이 있었다. 부부가 둘이서 운영하는 곳이다. 산자 만드는 법은 찹쌀을 삭히는 것부터 시작한다. 가루 낸 찹쌀을 일주일이나 보름 정도 삭힌다. 여기는 보통의 산자 만드는 법과는 달랐다. 찹쌀을 8시간 정도 물에 담갔다가 가루 내서 반죽한다. 삭히는 작업을 생략한다. 보통은 기름에 튀겨내는데 여기는 굽는다. 튀긴 산자는 많이 먹었지만 구운 산자는 처음이었다. 서울로 올라가는 길에 찐빵과 산자를 먹었다. 가는 내내 더 사 오지 못한 것을 후회했다. 순창에 갔다면 구운 산자와 찐빵은 꼭 먹어야 한다. 쫀득쫀득한 찐빵의 피도 좋지만, 팥 알갱이가 살아 있는 팥소 또한 맛있었다. '겉바속촉'의 구운 산자 또한 잊어서는 안 된다. 달곰한 맛과 부드러운 식감이 "크루아상 저리 가!" 할 정도로 커피와 궁합이 좋다.

11월 장터의 주인공은 김장 재료. 배추, 무를 비롯해 갓 수확한 생강도 손님을 유혹하고 있다. 새우젓 또한 사람 몰리는 품목. "다른 건 다 올라도 이것만 내렸어요." "작년보다 비싼데." 새우젓 사러 온 할매의 대꾸에 장사꾼은 하소연을 무한 반복 중. 물가가 아무리 올랐어도 한 드럼에 천만 원 우습던 새우젓이 몇백만 원이니 자연스레 가격이 내려간 것이다. 중요한 것은 사러 온 할매가 그 사실을 모른다는 것이다.

할매들이 가지고 나오는 밤콩이 여기저기서 보인다. 가을 끄트머리에서 만나는 강낭콩도 있다. 울타리를 타고 올라가는 습성이 강낭콩의 특징, 그 덕분에 울타리콩이라고도 불린다. 강낭콩의 특징은 전분이 많아 단맛이 좋다는 것. 밤콩 또한 밤처럼 달곰하기에 이름이 그렇다. 작은 대야 하나에 5천 원. 몇 번 이야기했지만, 할매들하고 홍정은 안 하는 게 좋다. 돈을 내고 가만히 있으면 한 주먹 더 담아준다. 밤콩은 다른 콩처럼 오래 불리지 말고 두어 시간만 불려서 밥에 넣어 먹거나 콩자반 하면 맛있다고 한다.

감 사진과 크기가 작은 돌배 사진을 찍고 있었다. 감 파는 이가 "어디서 오셨어요?" 하며 깎은 감 하나를 넌지시 건넨다. 곶감은 가끔 먹어도 감은 찾아 먹지 않아서 사양했는데도 한사코 건네기에 맛을 봤다. 달았다. 달곰한 감을 건네는 데는 다 이유가 있었다. 필자는 감을 싫어하지만, 집사람은 감을 좋아한다. 그중에서 홍시를 좋아하기에 홍시를 샀다. 시장의 한쪽 초입, 뻥튀기 가게가 있다. 카메라 들고 가만히 '뻥' 하는 순간을 기다리고 있었다. 아주머니 한 분도 귀를 막고 가게로 들어갔다가 바로 나왔다. "아저씨 뻥 찍으려고 그러죠? 이번은 아녀요. 옥수수 볶은 거라 뻥 소리 안 나요." 멋쩍었다. 순창 오일장은 작은 시장이지만 다른 곳과 다른 잔정이 있었다. 밤콩 파는, 찐빵 파는 할매, 나중에 현금 찾아 가져다드렸지만 지금 현금이 없다는 이야기에도 선뜻 맛보라고 주신 한과 사장님과 뻥 소리 없다는 손님까지 모두가 정이 넘쳤다.

순창은 1년에 서너 차례 갔었다. 밥을 먹은 적이 있었나 생각해 보니 거의 없었다. 20년 다녔지만, 짜장면과 한정식만 한 번씩 먹었다. 한정식을 먹던 날에는 협력업체가 다른 것 먹자고 했었다. 찬은 많아도 젓가락 갈 만한 것이 없다는 게 이유였고 먹어보니 이해가 바로 갔었다. 그때 먹었던 짜장면은 읍내에 위치한 식당이라는 것과 짜장면 옆에 놓여 있던 입가심용 요구르트병의 기억이 또렷하다. 시외버스 터미널 앞, 작은 식당. 기억 속 장소는 아니었을 듯싶었지만 들어가 간짜장을 주문했다. 잘게 자른 양파가 가득 담긴 짜장과 면이 나왔다. 간짜장에 고춧가루와 식초는 '국룰'. 식초는 단맛, 짠맛, 기름진 맛

순창식당

을 한데 모아주는 역할을 한다. 짜장에 직접 넣기 싫다면 단무지에 듬뿍 뿌리는 것도 좋다. 사실 늘 이야기하지만 짜장면이라는 게 맛있기도 힘들고 맛없기도 힘든 음식이다. 어디를 가나 예상한 맛이다. 간짜장이라 해놓고는 만들어놓은 짜장을 그릇에 따로 담아주는 곳도 많아 일반 짜장과 간짜장의 맛 구분이 불가능하다. 원래 가려고 했던 곳이 오픈 전이라 이곳을 선택했다. 그 선택은 탁월했다. 짜장면이 맛있었다. 춘장과 설탕, 조미료에 양파와 돼지고기 조금이 내는 맛은 어디나 비슷해도 몇 가지의 적은 재료로 균형을 맞추기가 쉽지 않은 것이 짜장면이다. 이 집은 그 어려운 것을 해내고 있었다. 먹으면서 혼잣말로 "맛있네"를 연발했다. 나오면서도 "참 맛있게 먹었습니다" 하고 나왔다.

비지를 발효하고는 보글보글 끓였다. 나물 넣고 비비면 천하일미.

두부 나오는 시간은 낮 12시. 11시에 갔다가 못 먹었다. 덕분에 맛있는 짜장면을 먹었다. 다른 곳에 갔다가 시간이 지나 다시 찾아갔다. 입구에 있는 메뉴판을 보면서 잠시 고민에 빠졌다. 메뉴는 4개. 순두부, 황태순두부, 비지비빔밥, 모두부. 순두부와 비지비빔밥 사이에서 잠시 고민하다가 안 먹어본 비지비빔밥과 모두부를 먹기로 결정했다. 두부를 만들 때 나오는 부산물이 비지. 두부는 콩에 있는 수용성 단백질만을 이용해 만든다. 콩의 지방과 지용성 단백질은 비지에 그대로 남아 있다. 콩의 영양 성분을 모두 이용한 것이 전두부나 전두유다. 두부나 두유를 만들기 위해 걸러내고 남은 것이 비지. 비지를 8시간 정도 발효했다고 한다. 보글보글 끓는 뚝배기에 나온 비지를 보고 처음에는 순두부인가 했다. 순두부 주문하려다가 주문할 때 비지로 바꾼 터라 그냥 순두부가 나온 줄 알았다.

비지비빔밥 먹는 방법은 이렇다. 같이 나온 콩나물과 무채에 고추장을 넣고 비빈다. 밥을 넣어서 비벼도 되고 아니면 먹을 때마다 넣어도 된다. 비빈 비지는 그냥 먹는 것보다는 깻잎에 싸서 먹어야 제맛이다. 처음에 비빌 때 나온 고추장을 반만 넣었다. 왔다 갔다 하던 권장이 다 넣어야 제맛이라 하기에 그렇게 했다. 고소한 비지에 칼칼한 맛까지 더해져 맛이 한층 좋아졌다. 그냥 두부는 젓가락으로 먹는 것도 가능하지만 갓 만든 두부는 수분을 한껏 품고 있어 부드럽다. 일본 어느 지방에서 먹은 비단두부만큼 부드럽지는 않아도 우리나라에서 먹어본 두부 중에서는 가장 부드러웠다. 지역에서 오랫동안 사랑받는 이유는 단 하나다. 맛있기 때문이다.

◇◇◇◇◇

가을이 사그라든다. 잠시 올라간 강천산 단풍의 고운 붉은빛이 그리했다. 가을은 가더라도 맛은 깊어진다. 맛있는 겨울이 오고 있다.

상점 정보

- 순창식당 **주소** 전라북도 순창군 순창읍 옥천로 41-1 **전화** 063-653-2593
- 창림동두부마을 **주소** 전라북도 순창군 순창읍 장류로 358-5 **전화** 063—652-8773

4장, 겨울

소복소복 쌓이는 다채로운 맛

경상남도 거제시

겨울

거제의 어물전에는 숨겨진 보물이 있다

거제도는 20년 동안 1년에 두어 차례 출장 다니던 곳. 한때는 여기서 도라지 함량을 높인 도라지배즙을 생산하기 위해 뻔질나게 다녔다. 서울서 출발해 오랜만에 덕유산을 넘을 때 구름 낀 하늘이 화창해졌다. 거제 학동리 몽돌 해수욕장에서 어렴풋이 대마도가 보일 정도로 날이 좋았다. 오랜만에 온 나를 반기는 듯했다.

겨울 거제를 선택한 이유는 두 가지, 대구와 파인애플 때문이었다. 거제 외포는 대구의 성지. 진해 용원항과 더불어 산란기 대구를 잡을 수 있는 포구다. 잡은 대구의 알과 정자를 채취해 인공 산란을 하고, 부화한 치어를 키워서 바다로 돌려보낸다. 그 사업 덕에 대구가 다시 바다로 돌아왔다. 다만 사람들이 여전히 즐겨 먹는 노가리 때문에 애써 한 일들이 수포가 된다. 노가리는 명태의 치어로, 노가리 잡을 때 대구 새끼도 섞여서 잡힌다고 한다. 세상에 먹을 것이 많다. 굳이 맥주 안주로 명태나 대구의 치어까지 먹을 필요가 있을까 싶다. 예전처럼 대구나 명태가 차고 넘친다면 굳이 말릴 생각은 없다. 그렇지 않은 지금은 말리고 싶다.

외포에 도착해 포구 구경에 나섰다. 외포는 작다. 잠시 산책하기 좋은 정도의 크기다. 대구 경매는 보통 아침 9시에 열린다. 통영의 상인까지 몰려 제법 북적거린다. 아직은 대구가 많이 들어오지 않는다고 한다. 외포 가면서 대구보다는 아귀를 살 생각이었다. 대구 잡을 때 아귀도 딸려 들어온다. 대구가 주인공이기에 아귀는 찬밥. 상인에게는 찬밥 신세라지만 사는 나에게는 따순 밥이다. 가격을 알아보니 실한 아귀가 한 마리에 2만 원. 수육 할 생각으로 두 마리를 샀다. 신선한 아귀는 양념해 먹기보다는 수육이 제격이다. 쫄깃한 내장과 녹진한 간의 맛은 '일품 중 일품'이다.

거제시에는 몇 개의 시장이 있다. 그중에서 오일장이 제대로 서는 곳은 거제면 오일장(4, 9장)으로 점심이면 파한다고 한다. 날이 맞지 않아 고현시장 오일장(5, 0장)을 찾았다. 고현시장은 상설시장과 주차장 시장으로 구성되어 있다. 주차장을 지으면서 1층 실내를 상설시장 주변에서 장사하던 노점상에게 내주어 장터를 마련했다고 한다. 상인들은 비바람을 피해서 좋고 행인들은 길이 넓어져서 좋다고. 고현시장이 깔끔한 모양새라면 주차장 시장은 날것의 냄새가 난다. 시장은 깔끔해서 좋았지만 가는 길이 고난이었다. 어제처럼 날이 좋았으면 흔적만 남은 오일장이라도 섰겠지만, 장마 같은 폭우에 장은 서지

거제 고현시장 어물전

쏨뱅이

않았다. '날이 어제만큼이었으면' 하는 아쉬움을 가진 채 시장을 다녔다. 비가 오는 탓에 오가는 이가 적지만 고현시장은 딱 봐도 잘 되는 시장이었다. 상점마다 상품이 쌓여 있는 모양새가 대신 말해주고 있었다. 주차장 시장도 마찬가지. 구경하러 다니다가 어물전 앞에 멈췄다. 점박이게, 베도라치, 철 지난 민어, 병어, 열기에 중하까지 다양한 수산물이 지갑 열라 유혹을 했다. 여름 시장을 다니면 살 것이 없어 빈손인 경우가 대부분. 겨울 시장은 여름과 달리 살 것이 너무 많다. 새우와 쏨뱅이가 좋아 보여 잠시 멈추고는 쏨뱅이를 샀다. 구워 먹는 생선으로는 갈치, 고등어, 삼치 등 유명한 몇 가지가 있다. 사실 바위틈 사이에 사는 녀석인 볼락류의 참맛을 아는 이는 드물다. 굵은소금 쳐서 구우면 천하일미, 살짝 말려서 젓국 끓이면 해장으로 그만인 녀석들이다. 실한 쏨뱅이 9마리에 2만 원. 안 살 수가 없었다.

시장에서 파인애플 농장으로 가기 전, 간단히 요기했다. 맛집 골목이라고 해서 따로 식당이 모여 있기도 하지만 간단히 먹을 수 있는 곳도 시장 곳곳에 있었다. 그중 한 곳에 들어갔다. 김밥 한 줄 1,200원. 요새 김밥 중에 속 재료를 지나치게 많이 넣거나 하나만 넣은 것들이 있다. 그런 것도 나름 김밥이지만, 김밥이라는 게 재료와 밥의 궁합이 중요하다는 것을 잠시 잊은 게 아닌가 싶다. 여기는 적당한 양의 속 재료와 밥을 넣어 적당한 크기로 김밥을 만다. 종류도 번잡하게 많지 않다. 김밥 마는 이나 사는 이나 고민이 없다. 그냥 말고, 그냥 사 간다. 김밥과 어묵, 그리고 밀떡으로 만든 떡볶이를 주문했다. 오랜만에 먹는 김밥다운 김밥. 속 재료와 밥이 어우러지는 맛은 적당한 재료의 양 덕이다. 재료가 과한 것은 씹어 넘기기 급급하지만 이런 것은 편하게 씹으면서 충분히 맛을 볼 수 있다. 김밥을 먹는 사이 손님이 오갔다. 대부분 포장 손님들로 열댓 개가 기본이었다.

시장을 나와 거제면에 있는 파인애플 농장에 갔다. 몇 년 전 귀농한 이가 운영하고 있다. 초록마을에서 같이 근무했던 이들이다. 파인애플은 모종을 심고 1년 6개월이 지나야 수확한다. 외국에서는 한 번 심으면 서너 번 딴다고 하는데, 국내에서는 한 번 따면 끝이다. 애써 키운 파인애플은 지인과 아는 이들을 통해서 판매하고 대부분 거제에 있는 건강식품 업체에 들어간다고 한다. 국내산 원료만 사용하는 곳에서 아이용 식품 만들 때 필요하기 때문이다. 생과는 신맛과 단맛

양지바위횟집

중에서 신맛이 좀 드세다. 대신 충분히 익혀서 따기 때문에 향은 좋다.

여행 예능인 〈1박 2일〉에 방영된 이후로 거제의 해물 파는 식당마다 신메뉴가 등장했었다. 해물뚝배기 안 파는 곳이 드물 정도였다. 방송에 나오기 전부터 출장 다녔기에 메뉴 변화를 눈으로 봤다. 해물뚝배기는 뚝배기 안에 여러 해물을 넣고 끓인 메뉴. 별거 없지만, 방송 이후 찾는 이가 많으니 여기저기서 판매하고 있다. 다만 해물의 종류마다 가열 시간이 다르니 맛이 달라진다. 살짝 익혀야 하는 것이 있고 푹 익혀야 하는 것이 있다. 이를 무시하고 요리하는 것이 해물뚝배기가 아닌가 싶다. 국물은 시원하겠다는 생각은 들었지만 먹어볼 생각은 하지 않았다.

12월, 거제에 간다면 대구탕이다. 해물뚝배기나 물메기(사실은 꼼치다)가 유혹해도 겨울 거제는 대구탕이다. 쫄깃한 대구 내장과 녹진함의 끝판왕인 정소('이리'라 부르기도 한다) 맛이 일품이다. 두 가지만 있으면 살은 있어도 그만 없어도 그만이다. 맑은 탕의 핵심은 신선도. 아무리 냉장시설이 잘되어 있다고 해도 대구 산지에서 먹는 맑은 탕만큼의 맛을 낼 수 있는 곳이 잘 없다. 몇 년 전에 왔을 때는 대구전이나 말린 대구 먹을 수 있는 곳이 없었다. 대구회와 전이 포함된 코스요리도 있지만, 대구회는 그다지 맛있지는 않다. 대구전만 추가할 수 있으면 좋겠지만 외포 포구에는 그럴 만한 식당이 없었다. 신선한 대구로 끓이기에 맛이 없을 수가 없다. 한 가지 아쉬운 점은 밥이 탕의 수준을 못 쫓아간다는 점. 탕을 끓이고 반찬을 내는 이유는 밥을 맛

진이회식당

나게 먹자고 하는 일인데 밥이 참으로 맛이 없었다. 탕이나 찬은 기대 이상이었지만 말이다.

서닉에 소주 한잔 안주로 고민 없이 이 녀석을 선택했다. 5~6년 전 거제 왔을 때 홀딱 반한 녀석이다. 모양이 코끼리 코 닮았다고 해서 이름도 '코끼리조개'다. 처음에 발견했을 때는 말조개라고 불렀지만, 나중에 바뀌었다고 한다. 수심이 깊은 곳에 살기에 잠수부만 잡는다. 잠수부가 가지고 들어간 호스로 바닥에 물을 내뿜어서 펄에 숨어 있는 녀석을 밖으로 노출시켜 잡는다고 한다. 왕우럭조개로 불리기도 하는데, 이 두 조개를 나란히 놓고 보면 확연하게 차이가 난다. 일단 코끼리조개는 물과 먹이가 오가는 수관이 밝지만 왕우럭조개는 시꺼멓다. 게다가 코끼리조개는 항상 수관을 노출하고 다닌다. 둘의 맛 차이는 식감에서 난다. 코끼리조개는 깔끔하게 씹히지만 왕우럭조개는 끝에 살짝 걸린다. 보통은 참기름장에 찍어 먹는다. 본연의 맛을 음미하고자 한다면 소금에 찍어 먹기를 권한다. 그래야 제맛을 느낄 수 있다. 참기름에 찍는 순간 참기름 맛밖에 안 난다.

상점 정보

- 효진수산횟집 **주소** 경상남도 거제시 장목면 외포5길 58 **전화** 055-636-6318
- 파인파인 농장 **주소** 경상남도 거제시 거제면 옥산리 830-4 **전화** 010-4300-1119
- 솜씨만두 **주소** 경상남도 거제시 거제중앙로 18819 **전화** 055-637-3766
- 양지바위횟집 **주소** 경상남도 거제시 장목면 외포5길 28 **전화** 055-635-4327
- 진이회식당 **주소** 경상남도 거제시 사등면 성포로3길 18 **전화** 055-634-6114

겨울

흥과 정이 넘치는
광주 오일장만의 매력

식재료가 있는 곳이라면 안 간 곳이 없을 정도로 지난 20여 년 동안 많이 다녔다. 솔직히 이야기하면 안 간 곳도 많다. 가봤다기엔 지나치거나 아주 잠깐 머문 곳도 꽤 있다. 2000년도부터 다니기 시작해 지금까지 꽤 많이 다녔다. 그중에서 가장 많이 간 곳은 아마도 여기, 광주광역시가 아닌가 싶다. 호남고속도로만 있던 시절, 전라도 출장의 시작은 항상 광주였다. 그 주변에 협력사도 많이 있어 자주 갔다. 그 때와는 달라졌지만, 송정역도 자주 들렀다. 우리밀로 고추장, 된장, 간장을 만드는 곳이 있었다. 밀가루로 장을 만들면 쌀로 하는 것과 다른 맛이 난다. 은은한 단맛이 밀가루 장맛의 특징이다. 비빔밥이나 떡볶이 만들 때 사용하면 좋다.

오랜만에 찾은 송정역. 오일장터와 송정역 시장 두 곳을 구경했다.

말바우시장은 큰 시장이다.
작은 골목, 햇빛이 드는 골목에 옹기종기 모여 있다.

원래 목적지는 내일 열리는 말바우시장이었다. 오일장은 사람이 차고 넘쳤지만, 송정역 시장은 을씨년스러울 정도였다. 사람을 불러 모으던 장터가 사라지는 까닭은 명확하다. 시장까지 와야 할 이유가 없기 때문이다. 어디든 있는 콘텐츠는 더는 사람을 불러 모으지 못한다. 장터는 사람과 상품이 하모니를 이뤄야 숨을 쉬고 살아간다. 송정역 시장과 이웃한 오일장에 사람과 상품이 넘치는 것을 보면 알 수 있다. 송정오일장은 규모도 크고 흥이 나는 시장이라고 생각했다. 다음 날 말바우시장을 보기 전까지는 말이다. 송정역 시장은 3, 8장이고, 말바우시장은 조금 복잡하다. 말바우시장은 2, 7은 큰 장, 4, 9는 작은 장이 선다. 한 달에 6번 정도 서는 오일장이 아니라 12번 선다. 필자가 간 날은 19일, 작은 장이 서는 날이다. 주차하기 위해 시장을 한 바퀴 돌았다. 끝과 시작점을 구분하기 어려울 정도로 제법 규모가 있다. 차를 세우고 시장을 돌아다니기 시작했다. 길과 길을 연결하는 골목에도 판매하는 이가 있다. 시장을 한 바퀴 돌아보니 비로소 윤곽이 잡혔다. 시장 중심에는 상설시장 상인이, 외곽은 장터를 돌아다니는 전문 상인이, 길과 길을 연결하는 골목이나 통로는 할매들이 자리 잡고 있었다. 농수축산물의 생산보다는 소비가 전문으로 이뤄지는 광주. 다른 지역의 오일장과 달리 광주만의 것이 적다. 그래도 이용하는 사람이 많다 보니 전남의 항구나 다른 생산지에서 온 것들이 시장에 가득했다.

시장 한편에 제철 맞은 해조류가 있었다. 매생이를 기점으로 시계 방향으로 김, 파래, 감태다. 한곳에 모아두고 보니 쉽게 구별이 된다.

매생이·김·감태·파래

재작년 완도 청산도에서 먹은 김국이 생각나 떡국도 해 먹을 요량으로 한 재기 샀다. 산지에서는 먹기도, 사기도 힘든 것이 물김. 김국은 매생이, 감태로 끓인 국과 달리 구수한 맛이 있다. 미역과는 또 다른 식감과 씹을수록 우러나오는 단맛이 좋다. 겨울철 꼭 맛봐야 할 음식이니, 방어만 찾지 말고 맛 좋은 김국도 찾자. 말바우시장은 다른 것도 많지만 곳곳에 어물전이 있다. 목포가 차로 한 시간 거리인지라 목포산이 꽤 많았다. 갈치며 참조기, 삼치는 대부분 목포에서 온 것들이었다. 그중에서 눈에 띄는 어물전이 있었다. 다른 곳과 달리 생선 진열 상태가 깔끔하지 못했지만, 그중에 보물이 있었다. 금풍생이, 샛서방 고기로도 불리는 군평선이가 주인공. 찜도 맛있지만 구우면 살살 녹는 맛이 일품인 생선이다. 그냥 지나치면 집으로 가는 300km 내내 후회가 밀려올 것 같았다. 가격을 물으니 큰 놈은 한 바구니 2만 원, 작은 것은 만 원이라고 한다. 오랜만에 속으로 외쳤다. "득템!"

오일장의 매력은 기대하지 않았던 식재료를 만나는 재미인 듯싶다. 틀에 박힌 대형할인점이나 슈퍼마켓과는 다른 오일장의 매력. 다니다 보면 보물찾기 하는 재미가 있다. 광주는 소비의 도시이지만 생산도 한다. 대도시 주변의 근교 농업이 꽤 발달했다. 광주로 가면서 지금쯤 하우스에서 딸기가 나오겠거니 생각했다. 시장에는 많지 않았다. 로컬푸드 매장에 가보니 광주산(?) 딸기가 제법 있었다. 겨울에 로컬푸드 매장을 방문한다면 꼭 사야 할 것이 딸기. 딸기는 잘 무르기 때문에 완전히 익은 것을 따지 않는다. 반면에 로컬푸드 매장은 인근

차돌 육회는 먹어본 사람만 그 맛을 안다.

에 농장이 있기에 익은 것들을 따서 진열한다. 평소에 먹던 것과 다른 향의 딸기를 살 수 있다. 로컬푸드 매장의 장점이다.

광주는 먹을거리가 많다. 연포탕을 처음이자 가장 맛나게 먹었던 곳이 광주 상무지구의 식당이었다. 육전을 포함한 정식도 참 잘하는 곳이다. 그런 광주에서 내 선택은 생고기였다. 생고기는 전국 어디서나 즐길 수 있는 음식. 생고기, 육사시미, 뭉티기 등 다양한 이름이 있다. 굳이 광주에서 생고기를 찾은 이유는 단 하나. 세 가지 부위의 생고기를 한 번에 즐길 수 있기 때문이다. 고추장, 참기름, 마늘 다진 것을 넣은 육장을 만들어 찍어 먹으면 술과 밥을 함께 부르는 안주이자 반찬이 따로 없다. 생고기 작은 것을 주문하니 다진 차돌과 아롱사태가 엉덩잇살 위에 가지런히 올려서 나온다. 사진에 하얗게 뭉쳐져 있는 것이 차돌. 오돌오돌 씹히는 지방의 맛이 좋다. 아롱사태는 진득하게 씹히는 맛이 엉덩잇살과 또 다른 식감이라 재밌다. 사실 모든 소고기는 생고기로 먹을 수 있다. 다만 열을 가하면 향을 즐기며 더 맛있게 먹을 수 있기에 생으로 먹지 않는 것이다. 같이 나온 묵은지가 범상치 않아 보였다. 배추에 묻은 양념이 적은 것으로 보아 처음부터 묵은지를 만들기 위해 담근 김치다. 몇 년 묵히는 것은 양념을 적게 쓴다. 깻잎 위에 밥과 생고기, 묵은지 하나 올리면 그 순간 천하일미가 입 속으로 들어온다.

평양냉면이라는 게 수도권을 벗어나면 쉽게 맛볼 수 없는 음식이었다. 과거형인 이유는 조금만 관심을 기울이면 번잡스럽더라도 맛있는 냉면을 맛볼 수 있는 식당이 지방에도 속속 들어서고 있기 때문이다. 광주광역시에도 꽤 괜찮은 냉면집이 있다. 원래는 5·18과 밀접한 음식인 주먹밥을 먹으러 했다. 민주화 운동을 하던 시절 나누었던 마음을 현대에 다시 메뉴화한 것이 광주의 주먹밥이다. 하지만 가는 날이 장날, 며칠 휴가로 문을 닫았기에 차선으로 선택한 메뉴가 냉면이었다. 광주까지 와서 냉면을 먹을 생각은 애초에 없었다. 차선이었지만 곁다리 메뉴로 만두와 녹두전 사이에서 잠시 고민하다가 녹두전을 선택. 나온 녹두전을 보니 냉면에 대한 기대가 급상승했다. 튀길 때 기름을 적게 사용하면서도 '겉바속촉'의 식감을 유지하는 솜씨가 일품이었다. 기름이 흥건히 묻어날 정도로 튀겨내는 녹두전과는 식감과 맛이 달랐다. 잠시 후 나온 냉면, 살짝 육수를 마시니 은은한 소고기 향이 괜찮다. 같이 간 의정부에 사는 지인은 맑은 육수를 선호하는데, 좋아하는 맑은 육수가 아님에도 상당히 만족스러워했다. 냉면에 만두도 좋은 조합이지만 잘 부친 녹두전을 이기긴 어렵다. 먹거리 많은 광주, 냉면도 메뉴 리스트에 추가다.

광주 양림동은 조금 특별한 곳이다. 그저 카페와 먹거리를 즐기는 곳으로 알고 있지만, 알고 보면 광주에서 처음으로 선교사들이 터를 잡은 곳이 바로 양림동이다. 지역의 두 부자가 터를 내주고 지원을 해준 덕에 선교는 물론이고 의료와 교육이 가장 빠르게 시작된 곳이기도 하다. 19세기 후반에 지은 옛 건물이 양림동 곳곳에 있다. 골목골목 사잇길로 다니다 보면 오래 묵은 나무 곁을 지키는 건물을 만난

양림동에선 커피보다는 두유다.

다. 이곳에 오래전 이야기를 상품으로 풀어낸 두유가 있다. 일제 수탈로 영양 부족에 시달리는 아이들을 위해 콩을 젖산으로 발효시킨 다음 포도당을 넣어 만든 콩 우유로 영·유아의 사망률을 낮췄다고 한다. 간호사 출신인 선교사 아내의 아이디어가 아이들을 지킨 것이다. 이야기는 훌륭해도 두유가 맛없으면 '말짱 도루묵'. 하지만 양림동을 돌아다니다가 맛본 두유는 기대 이상이었다. 콩, 소금, 유기농 설탕 세 가지만으로 맛나게 만들었다. 두유를 이용한 밀크티도 맛이 있었다. 매장에서 먹을 수도 있고 포장된 것을 사갈 수도 있다. 양림동을 간다면 커피 대신 두유다.

상점 정보

- 한주식품 **주소** 광주광역시 광산구 상무대로 80-39 **전화** 062-941-2393
- 한우촌 **주소** 광주광역시 서구 운천로162번길 10 **전화** 062-376-9886
- 광주옥1947 **주소** 광주광역시 서구 상무대로 1104-20 **전화** 062-362-1616
- 10년 후 그라운드 **주소** 광주광역시 남구 양림동 양촌길 1 **전화** 070-4239-5040

강원도 삼척

겨울

겨울 맛을 곰치국밖에 모른다면? 삼척으로 가자!

해맞이한 이들이 귀가를 서두르는 1월 2일 아침, 삼척으로 갔다. 예전에 동해시 오일장을 취재하면서 삼척에는 오일장이 서지 않는다고 알았다. 기사에도 그렇게 썼다. 알고 보니 2일과 7일에 삼척 중앙시장 주위를 감싸듯 장이 섰다. 2005년도가 생각났다. 당시 삼척에 맛있는 산양유를 만드는 목장이 있었다. 목장 내에서 착유와 동시에 가공하는 국내 유일의 목장형 가공공장이었다. 지금도 그 고소한 맛이 생각날 정도로 맛있는 산양유였다. 얼마 뒤 부도로 목장과 공장이 폐업하는 바람에 더 맛볼 수 없게 되었지만 삼척만 가면 목장과 산양유 생각이 난다.

고속도로를 달려 아침 일찍 삼척 중앙시장에 도착했다. 이웃한 동해 오일장은 전국에서 손꼽히는 규모의 오일장이다. 삼척도 비슷하겠지 예상했다. 예상은 보기 좋게 빗나갔다. 동해와 비교하면 반의반도

안 되는 작은 장이다. 잠깐 둘러보면 다 볼 정도였다. 오일장은 섰지만, 존재감이 거의 없었다. 몇몇 상인과 골목에 할머니들이 삼삼오오 모여 있는 정도였다. 그래도 괜찮다. 오일장은 이래도 매일 새벽, 삼척역 앞에 작은 규모의 수산물 시장이 몇 시간 열렸다가 닫힌다. 이름도 '번개시장'. 작아서 볼 것 없어 보여도 나올 때쯤엔 양손이 무거울 정도로 매력 넘치는 시장이다.

다음 날 일찍 새벽시장 구경에 나섰다. 입구에 제철 맞은 미거지와 대구가 있다. 미거지는 곰치국의 재료가 되는 녀석이다. 암놈은 누런 밤색이고 수놈은 거무튀튀하다. 알밴 암놈이 수놈의 반값이다. 미거지 암놈을 보면서 생선의 제철은 언제일까 생각했다. 예전에 어구며 배가 안 좋았을 때는 물고기가 육지 가까이 올 때 잡았다. 산란철, 보

노가리는 만들지도, 먹지도 말아야 한다.

통 바닷물고기는 수온이 빨리 올라가는 얕은 바다에 알을 낳는다. 알을 낳기 위해 육지 가까이 오면 잡히는 양이 많아져 제철이라 생각한다. 맛을 기준으로 따지면 알밴 생선이 가장 맛없다. 미거지 암놈이 반값인 이유다. 알밴 도루묵도 마찬가지다. 알배기 직전이 가장 맛있지만 찾지 않는다. 알밴 생선은 잡지도, 먹지도 않았으면 한다.

거제·남해·통영·여수 등 남쪽 바다에 가면 물메기탕이 있다. 이 또한 이름을 잘못 부르고 있다. 남해에서 물메기라 부르는 생선의 이름은 '꼼치'다. 물메기라는 어종은 따로 있다. 동해에서 잡히는 것은 미거지, 남해는 꼼치다. 미거지국, 꼼치국으로 불러야 맞다. 시장에는 미거지가 차고 넘쳤지만 사지 않았다. 예전에 미거지나 꼼치는 잘 먹지 않았다. 맛있는 것들이 차고 넘치기에 거기까지 손댈 이유가 없었다. 미거지를 살 바에는 같은 가격의 대구가 낫다. 게다가 시장에는 대구 말고도 미거지보다 맛난 생선이 많았다.

기름, 참, 문치, 용 등 다양한 종류의 가자미가 한 바구니 1~2만 원이었다. 여러 가자미 중에서 참가자미를 골랐다. 배 쪽 꼬리지느러미 주위가 노랗기에 다른 가자미와 구분할 수 있다. 어머니가 가장 좋아하는 생선이다. 통영에서 도다리쑥국의 재료는 도다리 사촌인 문치가자미가 대부분이다. 가자미쑥국으로 불러야 하지 않을까 싶다. 구우면 맛있는 열기(불볼락) 또한 2만 원이었다. 구워 먹는 생선으로 고등어, 갈치, 꽁치를 자주 먹는다. 열기 맛을 보면 다음부터는 열기만 찾게 된다. 볼락류도 종류가 많다. 우럭으로 익히 알려진 생선 또한 본명은 조피볼락으로 볼락류이다. 횟감으로 좋은 생선은 굽거나 조림을 해도 맛있다. 데쳐서 먹거나 라면에 넣고 끓이기 딱 좋은 크기의 작은 문어 또한 1~2만 원이면 살 수 있었다.

생선 파는 어물전 옆으로는 회 떠주는 곳이 있었다. 오늘의 횟감은 용가자미와 달고기였다. 달고기는 몸통에 보름달 모양의 검은 반점이 있기에 달고기로 부른다. 커다란 팩 하나에 만 원이다. 근처에 있는 식당에서 먹을 수 있도록 포장해서 가져갈 수도 있다. 채소만 준비하면 물회나 회덮밥용으로 딱 맞다. 사실 여름 물회는 시원한 맛이다. 겨울에 물회를 먹어야 맛나게 먹을 수 있다. 회는 사계절 중 겨울이 가장 맛있다. 시장을 나서는 내 손에는 용가자미와 달고기회, 문어 그리고 참가자미와 열기가 들려 있었다. 한동안 반찬 걱정할 일이 사라졌다. 오일장은 특별한 것은 없지만 찾아보면 필요한 것이 있다.

삼척항에 가면 식당마다 메뉴가 비슷하다. 동해 어디를 가나 같은 메뉴를 만난다. 한 집 건너 대게집이고 그 옆은 횟집이다. 다들 '곰치국 개시' 폿말이 붙어 있는 것도 같다. 어느 집에는 곰치국 먹겠다고 줄까지 서 있었지만, 그냥 지나쳤다. 이 시기에 곰치국을 줄 서서 먹는 것은 시간만 아깝다. 지금은 미거지 물이 좋기에 어디를 가나 다 괜찮다. 방송이나 신문에 나왔다고 특별한 미거지를 사용하는 것은 아니다. 게다가 미거지보다 몇 수 위 생선이 있다면, 게다가 가격까지 저렴하다면 선택 안 할 이유가 없다.

삼척 중앙시장을 나와 삼척항 근처 식당에 갔다. 겨울, 필자가 선택한 메뉴는 김치대구탕이다. 이 동네는 미거지 넣고 국을 끓일 때도

속풀이에 김치대구탕만큼 좋은 것은 없다.

김치를 넣는다. 김치를 넣으면 신맛이 식욕을 자극하거니와 국물도 깔끔해진다. 담백한 대구살과 김치의 신맛이 적절한 하모니를 이룬다. 가격도 곰치국보다 저렴한 1만 1천 원이다. 예전에 대구와 명태가 동해에서 사라지기 전까지 동해에서는 두 어종으로 국을 끓여 해장했다. 둘이 사라지자 대용으로 미거지가 등장했다. 명태는 아직이지만, 대구는 돌아왔다. 원래 해장국 주인공이 돌아왔으니 선택은 당연했다. 시원하고 매콤한 국물이 속풀이에 그만이다. 따로 나온 찬 중에

서 가자미식해도 맛났다. 삼척에서 해장국이 필요하다면 김치대구탕이 제격이다.

미리 해장국도 챙겼고 술친구도 있으니 술 마시기 딱 좋은 조건이었다. 그렇다면 겨울 삼척에서 안주는? 뭐니 뭐니 해도 가자미다. 서울서 출발할 때부터 몇 가지 어종을 염두에 두었다. 선택 조건은 저렴하고 맛있는 생선. 대표적인 것이 성대. 차진 식감은 먹어본 사람만 안다. 돔 등 비싼 생선에 견주어도 전혀 꿀리지 않는다. 쥐치도 좋고 가자미는 두말하면 잔소리다. 삼척항과 임원항 두 곳의 어시장을 살폈다. 가격은 엇비슷. 삼척항에서 봤던 가자미 중에서 차진 식감이 특징인 찰가자미를 선택하고는 배 쪽 아래가 노란 참가자미도 샀다. 사는 김에 쥐치도 샀더니만 덤으로 도화볼락 한 마리를 얹어주었다. DIY 모둠회가 완성. 수족관에 방어가 있어도 눈길 한 번 주지 않았다. 값만 비싼 방어 따위는 모둠회 구성할 때부터 안중에도 없었다.

모둠회 구성에 들어간 비용은 6만 원이었다. 횟집의 모둠회는 주장이 주는 대로 먹어야 하지만 어시장의 모둠회는 내 맘대로라서 좋다. 차진 식감의 찰가자미는 명불허전. 뼈째 썬 참가자미의 고소함, 기름기 제대로 오른 쥐치와 도화볼락은 매력이 넘쳤다. 회를 먹다가 초장집에서 따로 파는 비빔용 채소를 주문해 회무침으로 먹었다. 회만 먹다가 질릴 때 회무침이나 물회로 만들어 먹으면 색다른 맛을 즐길 수 있다.

전날 먹은 술에 속 쓰림을 풀 겸해서 동치미국수를 먹으러 갔지만 휴무다. 대신 동치미막국수를 먹으러 갔으나 마찬가지였다. 뜨뜻한 국물이라도 먹으면 괜찮을 듯싶어 육개장을 선택했으나 여기 또한 문을 안 열었다. 잠시 '멘붕' 상태에 빠졌다가 3년 전 취재 길에 맛본 삼척항 물꼬기식당이 생각났다. 코스로 나오는 홍게라면은 2인분 이상 주문해야 하기에 그때 먹지 못했다. 이번에는 동행이 있어 물꼬기식당으로 갔다. 들어가려다가 바로 옆 식당의 삼순이매운탕으로 메뉴를 바꿨다.

삼순이? 처음에는 삼식이(삼세기)인 줄 알았다. 쥔장께 삼식이냐 물으니 아니라 하면서 아귀 닮은 작은 녀석이라고 한다. 작은 아귀? 망치냐 물으니 그렇다고 한다. 망치매운탕, 정말 맛난 생선이다. 본래 이름은 고무꺽정이지만 대부분 망치라 부른다. 살은 아귀와 비슷한데 훨씬 부드럽다. 무 넣고 얼큰하게 끓인 국물이 지난밤의 숙취를 한 방에 해결한다. 곰치국이 해장에 좋다고 하지만 고기 맛과 국물 맛 모두 좋은 삼순이탕과 비할 바가 아니다. 삼척에서 먹을 수 있는 해장국 중에 삼순이탕, 고무꺽정이매운탕이 있음을 잊어서는 안 된다.

상점 정보

- 부림해물 **주소** 강원도 삼척시 갈천동 동해대로 3935 **전화** 033-576-0789
- 삼척항 13호집 **주소** 강원도 삼척시 정라항길 8 삼척항활어회센터 13호집 **전화** 010-5369-8548
- 옛집식당 **주소** 강원도 삼척시 새천년도로 45 **전화** 033-576-0130

전라남도 보성

겨울

사람이 먼저, 밥이 먼저인 보성 오일장

전라남도 보성, 몇 가지 강렬한 기억이 남아 있는 곳이다. 2004년으로 기억한다. 녹차 밭 너머에서 볼일을 보고는 보성읍에서 하룻밤을 묵었다. 일부러 외관이 번듯한 곳을 찾아 들어갔다. 계산하고 방에 들어가서는 버릇대로 TV 리모컨을 찾는데, 아무리 찾아봐도 없다. 없는 게 당연했다. 박물관에 있음직한 로터리TV가 덩그러니 놓여 있었으니. 그것도 채널 돌리는 버튼이 빠진 채로 말이다. 숙소에서 할 수 있는 게 리모컨 들고 이리저리 채널 돌리는 재미인데, 채널을 돌리려면 침대에서 일어나 움직여야 했다. 채널 돌리는 재미가 사라진 방에서 할 수 있는 것은 자는 것뿐이었다. 보성 옆이 장흥이다. 예전에 장흥에서 일 보고 보성으로 가는 길에 해안길을 택했다. 장흥 키조개 마을에서 출발해 율포 해수욕장까지의 길이 참으로 좋았다. 주암호로 해서 벌교 가던 벚꽃 길도 좋은 기억이다. 이번 출장길도 좋음과 안

장동상회
장동상회
나라상회

미진
분식

좋음이 같이한 출장길이었다.

일요일에 도착해 보성 읍내를 다녔다. 원래 목적이었던 식당 세 곳 모두 쉰다. 보성 읍내에서 30km 가까이 떨어진 벌교읍으로 갔다. 식사를 해결하고 시내를 둘러보며 굴과 꼬막이 지천인 벌교시장을 한 바퀴 돌았다. 묻지도, 따지지도 않고 구경만 했다. 어차피 장날은 내일이니 장터에서 사서 올라가면 될 듯싶었다. 시장에서 잠시 걸으면 소설『태백산맥』의 배경이었던 옛 거리와 마주한다. 소설에 나온 양조장이며, 보성여관 등이 아직 그대로 있다. 길 따라가다 보면 소설을 요약한 조형물이 서 있는 공원이 있다. 잠시, 요약본을 읽으면서 완독했다는 기억만 되살렸다.

벌교를 나와 율포에서 바지락 캐는 할매 구경하고는 저녁 먹으러 보성 읍내로 갔다. 아무 곳이나 가려고 했지만 어느 곳도 딱히 갈 만한 곳이 없다. 문 연 곳에 들어가 주문을 했다. 떡갈비를 주문했지만 반을 남겼다. 떡갈비라고 이야기하기 어려운 음식이 나왔다. 따듯함도 없고, 전자레인지에 막 데워 나온 듯한 상태였다. 먹는 둥 마는 둥 하다가 식사를 끝냈다. 내일 오일장은 그래도 괜찮겠지, 자신을 위로하며 숙소로 갔다. 여기서도 또다시 TV가 문제. 다른 기능은 다 되는데 외부입력이 안 된다. 출장 때마다 안드로이드TV를 설치해서는 보고 싶은 것을 봤었다. 문제는 모텔 TV의 입력 단자가 바뀌지 않는다는 것이다. 그것이 안 되면 말짱 도루묵이다. TV며, 식당이며 보성하고 나하고 뭐가 안 맞는 모양이다.

꼬막

1월 17일 오일장이다. 보성 오일장은 2, 7장. 비슷한 규모의 벌교 오일장은 4, 9장이다. 장터에는 사람이 제법 있었다. 작지도, 크지도 않은 장터. 반은 농산물, 반은 수산물로 나뉘어 있다. 수산물을 보니 전남의 여느 장터와 달리 냉동이 많다. 낙지와 꼬막, 홍어를 제외하고는 거의 냉동이었다. 가만히 생각해 보니 보성에는 큰 포구가 없는 듯싶었다. 그나마 어시장이라도 있는 율포 정도가 포구다운 모양새다. 병어나 말린 장대, 민어 새끼가 인기다. 나란히 놓여 있는 병어와 덕대는 모양도 비슷하거니와 맛도 비슷하다. 구별하려고 하면 머리만 아프니 그냥 사면 된다. 병어와 덕대만큼은 아니어도 비슷한 것이 참꼬막과 새꼬막이다. 조개껍데기에 난 주름이 깊으면 참꼬막, 얕으면 새꼬막이다. 참꼬막이 더 맛있다고들 하는데 사실 둘 차이는 식감에 있다. 참꼬막이 보드랍다면 새꼬막은 쫄깃하다. 새꼬막은 1kg에 8천 원에서 1만 원 사이, 참꼬막은 3만 원이다. 둘을 나란히 놓고 먹어보면 가격 차이가 세 배 이상 난다는 것이 이해가 안 간다. 각각 특유의 맛이 있다. 맛이라는 게 다름의 의미지 치등의 의미는 아니다. 보성 로컬푸드 매장에서 딸기를 봤다. 모양이 좋은 큰 딸기가 작은 딸기에 비해 세 배 넘게 비쌌다. 과일의 크기가 맛을 보장하지 않음에도 현실은 외형과 이미지로 가격에 차이를 둔다. 참꼬막이 비싼 이유는 하나다. 안 나기 때문이다. 반면에 새꼬막은 가게마다 차고 넘친다. 안 나는 상황에서 찾는 이가 많아지면 부르는 게 값이다. 지금 참꼬막이 딱 그렇다. 보성 오일장에는 꼬막이 별로 없었다. 찾는 사람이 별로 없다는 이야기다. 서울 가는 길에 꼬막 사러 다시 벌교로 갔다. 새꼬막과 참꼬막을 섞어서 샀다. "꼬막 삶을 줄 아는겨? 폭 삶으면 안 돼. 80도 정도에서 데쳐. 폭 삶으면 살이 쪼그라들어. 먹을 게 없어." 판매하시는 분이 꼬막 든 봉지를 주면서 건넨 말이다.

보성 가면서 이것은 꼭 먹어야지 했던 것이 국수다. 국수 없는 동네는 없다. 장터마다 인기 메뉴에 잔치국수는 빠지지 않는다. 여기 국수는 조금 특별하다. 농사지은 메밀과 밀로 국수를 만든다. 우리밀 국수를 먹을까 하며 주문했다가 바로 취소하고는 메밀온면을 주문했다. 메뉴를 주문하면 면을 만들기 시작한다. 기다리고 있으니 기계 돌아가는 소리가 들린다. 국수 나오는 데 시간이 조금 걸린다. 탁자 위에는 구운 달걀이 틈을 노리고 있었다. 달걀 하나 까먹는 사이 국수가 나온다. 꾸미라고는 목이버섯과 쑥갓, 김 조금 올려져 있다. 면을 맛보

고, 국물을 음미하니 꾸미의 많고 적음은 부질없었다. 면과 국물이 조화롭다. 뚝뚝 끊기는 면발과 가쓰오부시 국물에 청양고추로 포인트를 준 것이 아주 좋았다. 보성 식당을 다 가본 것은 아니지만 갔던 곳 모두 김치를 직접 담갔다. 이 국숫집 또한 담근 김치를 내주는데 얼큰한 온면 국물과의 조화가 아주 좋았다. 직접 끓인 육개장국수나 닭국수 또한 맛나 보였다. 아이만의 메뉴는 아니지만, 돈가스도 있어 가족끼리 가도 괜찮은 곳이다. 벌교와 고흥 경계에 있다. 오가는 길이라면 다음에 또 갈 곳이다.

보성으로 가면서 꼬막 정식을 먹을 생각은 없었다. 정식이라는 게 화려해 보여도 속을 들여다보면 부족함이 많다. 이것도 저것도 먹고 싶은 인지상정을 잘 이용한 메뉴일 뿐이다. 꼬막무침 하나 주문해서 밥하고 먹는 것이 제일이라 생각한다. 꼬막은 진흙 개펄에서 자란다.

바지락은 모래나 작은 돌이 섞인 곳에서 잘 자란다. 벌교 하면 꼬막만 노래를 부르니 다른 건 찾지 않는다. 보성 바다에서는 꼬막만 날 듯싶지만, 바지락도 난다. 보성 향토시장에는 보성과 이웃한 동네에서 나는 바지락으로 칼국수를 끓이는 곳이 있다. 시장 구경 얼추 끝내고는 칼국수 한 그릇 하러 갔다. 면과 국물을 따로 끓여낸다. 맑은 바지락 국물이 제대로다. 여기 또한 어제 먹은 국숫집처럼 김치를 칼국수에 잘 맞춰 담갔다. 젓갈 냄새는 숨기고 아삭한 식감은 살린 김치다. 보성에서 술을 마신다면 다음 날 해장은 여기다. 국물이 끝내준다.

벌교읍에서 꼬막을 사고는 집으로 돌아갈 생각이었다. 때는 밥때, 취재를 떠나 밥을 먹을까 해서 동네를 다시 몇 바퀴 돌다가 시장 입구로 돌아왔다. 시장 건너편에서 입구를 바라보는 순간 밥 집이 눈에 띄었다. 어제오늘 몇 번이고 식당을 지나쳤지만 보지 못했다. 관심이 다른 곳에만 가 있던 탓이다. 취재에 관한 생각을 놓고 나니 그제야 보였다. 문을 열고 들어가니 테이블이 세 개 있는 작은 식당이다. 노년의 부부가 식사하고 있었다. 혼자 식사 가능한지 여쭤보고는 자리에 앉았다. 작은 쟁반 가득 반찬이 나오고, 국과 막 퍼 담은 밥이 나왔다. 간은 내 입에 조금 셌지만, 허투루 만든 반찬이 아니었다. 반찬 구성이 당일 만드는 것은 별로 없고, 오래 두고 낼 수 있는 것들이 대부분이다. 밥을 먹다가 메뉴판을 봤다. “3천 원요?!” 질문도 감탄사도 아닌 소리에 식사하시던 할배가 “여기가 그려” 답한다. 메뉴판은 단출했고 통일성이 있었다. 백반, 소주, 맥주 3천 원, 막걸리 2천 원, 커피

3천 원의 돈을 내기 미안할 정도였다.

2백 원이 전부였다. 밥 먹는 사이 손님이 들어왔는데 식사하시던 분과 지인인 모양이었다. 두런두런 이야기를 나누는 사이 장터 할매 한 분이 와서는 밥을 가져간다. 동네 사람들이 오가는 식당. 여럿이 와서 밥과 술을 먹어야 타산이 맞을 듯싶었다. 나처럼 혼자는 민폐인 듯싶어 얼마를 내야 하나 잠시 고민하다가 메뉴판 가격 그대로 내고 나왔다. 할매의 말 품새나 손님들의 대화에서 돈은 그다지 중요하게 여기지 않는 곳임을 느꼈다. 밥이 있고, 밥을 먹으러 오는 사람이 더 중요하다는 듯 느껴졌다. 도시에서 이런 밥은 기대하기 어렵다. 바쁘다는 핑계로 밥을 함부로 대하는 경우가 대부분. 여기는 밥이 먼저, 사람이 먼저였다. 인사만큼은 성심껏 하고 나왔다. "잘 먹었습니다."

상점 정보

- 벌교 1번 수산　**주소** 전라남도 보성군 벌교읍 벌교리 887-34　**전화** 061-857-0434
- 해맑음 제면소　**주소** 전라남도 보성군 벌교읍 채동선로 151　**전화** 0507-1424-7290
- 보성 바지락 칼국수　**주소** 전라남도 보성군 보성읍 봉화로 53　**전화** 061-852-9822
- 할매밥집　**주소** 전라남도 보성군 벌교읍 홍암로 11　**전화** 전화가 없다. 시장 입구에 있다

울산광역시

겨울

쫄쫄이에 싸먹는 겨울 회,
그야말로 일품이지!

명절을 코앞에 두고 열리는 장은 대목장이다. 연중 가장 큰 장터가 열린다. 어느 장을 가든 그렇다. 어디로 갈까 하다가 10년 만에 울산을 가기로 결정. 가만히 생각해 보니 3년 넘는 시장 구경 중에서 대목장을 맛본 적이 없었다. 신문 기재 일정과 취재 일정이 맞지 않아서였다. 대부분 일주일 전에 취재를 완료했다. 연휴의 첫 시작, 토요일에 출발했다. 새벽 출발로 귀성 차량을 피했다. 그 덕에 정체 없이 울산에 도착해 이곳저곳을 편히 돌아다닐 수 있었다. 울산 하늘을 보니 시린 하늘이 아니었다. 살짝 포근한, 조금 있으면 봄이 옴을 알리는 하늘이

었다. 봉계와 언양 사이를 지나다가 익숙하고도 낯선 간판을 봤다. 신우목장. 한동안 출장 다니던 곳이다. 초창기 유기농에 근접한, 맛있는 우유를 생산했었다. 목장 안에 유가공장이 있던 곳으로 목장형 유가공의 효시 같은 곳이었다. 잠시, 출장 다니던 때가 흐릿해진 간판처럼 떠올랐다가 이내 사라졌다. 참으로 오래전 일이다.

대목 맞은 울산 태화시장. 명성에 걸맞게 사람이 차고 넘쳤다. 뭣도 모르고 차를 대려다가 포기하고는 조금 떨어진 태화국가정원에 주차하고 슬슬 걸어갔다. 태화시장 주변 골목마다 장이 서 있었다. 대목장은 잠시 서서 구경하기도 힘들 정도였다. 북적북적한 장터는 물건을 사지 않더라도 흥이 났다. 오가는 말에 정겨움이 묻어났다. 동해 오일장, 해남 오일장 이후 흥과 정을 오랜만에 느꼈다. 예전의 오일장은 이렇게 사람의 정이 오갔을 것이다. 지금은 명절이 되어야 겨우 느낄 수 있다. 처음 골목에선 어른 주먹만 한 홍합이 반겼다. 가격은 제법 나갔지만, 지갑에 손이 몇 번 갈 정도로 크고 좋았다. 다른 곳에는 더 큰 녀석이 있었다. 홍합 살만 따로 꿰놓은 것이 있기에 슬쩍 물었다. "제사상에 홍합 올리나 봐요?" "올리죠. 예전에는 이 동네에서 많이 났는데 이젠 안 나요. 그래서 울릉도나 서해 거가 대부분이에요." 군데군데 사각형 모양의 하얀 고기가 있다. 같이 간 이가 "뭐야?" 묻는다. "상어." "상어도 제사상에 올려?" "응, 여기는 산적으로 해서 올리고 전라도는 말린 상어를 찜으로 올려."

(왼)상어 (오)물미역

시장에는 나물이며, 전 감 등 명절 제수가 대세. 대세를 뒤집은 것이 하나 있었다. 바로 물미역이다. 겨울과 봄의 중간, 물미역이 한창이었다. 거짓말 조금 보태서 세 집 건너 하나 있을 정도였다. 대부분은 이웃한 기장에서 온 것. 멀리 완도에서 온 잎이 조금 넓은 것도 있었고, 울산 간절곶 것도 있었다. 미역국 좋아하는 사람들이 많다. 미역에 해물이나 소고기를 함께 넣고 국을 끓인다. 보통은 마른미역을 불려서 사용한다. 제철에 나는 물미역으로 국을 끓이는 사람은 많지 않다. 그 생각을 못 하기 때문이다. 물미역으로 국을 끓이면 더 맛있다. 어떤 것을 더하든 미역이 주인공이 된다. 미역국에 자신 없다면 라면 끓일 때 넣어도 맛나다. 마른미역이 줄 수 없는 신선한 바다 내음이 녹아든다. 라면의 기름진 국물도 산뜻해진다. 신김치가 있다면 잘게 썰어 넣으면 더 좋다. 모름지기 제철 식재료의 맛을 이길 수 있는 조미료는 없다. 조미료는 옆에서 거드는 존재일 뿐. 제철 주인공이 좋을수록 조미료의 존재감은 희미해진다.

기장 미역 앞에 '쫄쫄이'라는 말이 붙어 있다. 쫄쫄이 혹은 '지네발'이라 부르는 이유는 물살과 깊은 관련이 있다. 물살이 아주 센 곳에서 자라는 미역은 잎이 많이 갈라져 있다. 완도에서 나는 미역처럼 잎이 넓었다가는 센 물살을 견딜 수 없기에 잎 사이사이에 물살이 빠져나갈 통로를 여럿 만드는 것이다. 거센 물살과 파도는 미역을 억세게 만들어서 오래 끓여도 쫄깃하다. 그래서 쫄쫄이다. 예전 포항 오일장에서 설명했듯이 물미역이 나오면 꼭 같이 먹어야 할 음식이 '회'다. 어종 불문 물미역에 회를 싸는 순간 맛이 달라진다. 하우스에서 억지로 키운 상추나 깻잎은 겨울 제철 물미역 앞에서는 용쓰지 못한다. 미역국이나 무침보다도 회를 싸 먹는 물미역 맛이 일품이다. 시장을 떠나는 내 손에는 간절곶 물미역이 한 봉지 들려 있었다. 2천 원으로 살 수 있는 제철 식재료다.

울산에서의 첫 끼는 추억이었다. 2003~2004년 무렵으로 기억하고 있다. 신우유업에 갔다가 돌아가려고 했더니만 나이 지긋하신 사장님이 "밥은 먹고 가야 한다"고 고집이어서 끌려간 곳이 봉계에 있는 고깃집이었다. 국도변에서 빤히 보이는 자리에 몇 집만 있었던 것으로 기억하고 있다. 아버지뻘의 목장 사장님과 둘이 하는 식사가 편하지는 않았지만, 생고기는 참으로 맛있었다.

그 기억을 더듬어 비슷한 곳을 찾아가서 생고기만 주문했다. 보통은 고기를 구우면서 곁다리로 생고기를 주문한다. 구워 먹을 고기는 생략하고 생고기만 주문해 밥하고 같이 먹으면 아주 그만이다. 둘이 간다면 육회비빔밥 대신 생고기 주문하는 게 훨씬 낫다. 비용도 거의 비슷하다. 따스한 밥 위에 생고기 올려서 먹으면 천하일미다. 채소가 더 많은 육회비빔밥하고는 비교 불가다. 술과 함께하면 좋겠지만 없어도 괜찮다. 약간의 아쉬움은 있지만 말이다. 생고기와 같이 나온 된장찌개는 훌륭했다. 어디 내놔도 손색이 없었다. 후식으로 나온 식혜도 맛있었다. 하지만 정작 주인공인 밥이 부실했다. 공기에 담겨 나온 밥은 온기만 있고 생기는 없었다. 뚜껑이 닫히는 순간 밥의 숨은 죽는다. 빠져나가지 못한 열기가 맺혔다 떨어진 물방울에 밥은 습기를 가득 머금고 있었다. 먹는 내내 "아 밥맛만 좋았어도"를 내뱉었다. 일전에 영암의 시골 삼겹살 집에서 먹은 밥이었다면 최상이었겠다는 생각도 했다. 밥을 공기에 담고 뚜껑을 닫는 순간 관 뚜껑 닫는다고 생각해야 한다. 편해지자고 하는 일이 밥의 생기를 없앤다. 여기뿐만 아니다. 그날 저녁과 다음 날 점심도 같았다.

저녁은 방어진 회센터를 선택했다. 명절 전 제주 방어 시세를 알아보니 예상대로 반값이었다. 12월에 20만 원 하던 10kg 방어 경매가가 명절을 앞두고 9만 원대까지 떨어졌다는 이야기를 들었다. 회센터에서 시세를 알아보고 적절하면 방어를 선택할 생각이었다. 1월에서 2월 사이, 얼추 맛도 들었을 것이고 가격도 적당해졌을 것이라 생각했다. 그런데 내 생각보다 비쌌다. 지난 삼척처럼 어종을 탐색했다. 회센터 권장들이 뭐라 뭐라 해도 지나치며 생선의 선도만 봤다. 어시장에서 중요한 것은 물, 즉 '선도'다. 가격은 같다. 그러니 물을 잘 봐야 한다. 작은 어시장을 끝까지 갔다가 다시 돌아오는 중간, 낯선 물고기가 눈에 띈다. 물어보니 '옥돔'이라 하는데 내가 아는 옥돔도, 옥두어도 아니다. 입에는 이빨도 나 있는 것으로 보아 혹돔 같았다. 혹돔 한 마리 3만 원, 현지에서 꺽저구라 부르는 개우럭 두 마리 2만 원에 회를 떴다. 근처에 있는 초장 집에서 소주 한잔과 더불어 회 맛을 봤다. 3만 원짜리 혹돔보다는 개우럭이 달콤한 맛이 있었다. 혹돔은 쫄깃한 식감은 있었지만, 맛은 우럭보다 모자랐다. 여기 또한 생고기 먹듯이 밥을 함께하면 좋을 듯싶어 밥을 따로 청했다. 초장 집이라 밥에 대한 기대도 없었지만 기대 이하의 밥이 나왔다. 낮에 먹은 생고기 집보다도 못했다. 온기조차도 없는 밥이 나왔다. 그나마 회가 맛있었기에 망정이지 그대로 나올 뻔했다. 회에, 회무침에, 물회까지 잘 먹었어도 밥 때문에 뒷맛이 개운치 않았다.

선바위, 서 있는 바위가 있는 곳이면 붙는 이름이다. 과천과 사당 사이에도 있고, 영양과 청송 사이에도 있다. 울산에도 있다. 오래전부터 울산 선바위 지역에서는 미나리 재배를 했다. 미나리 하면 연상되는 음식이 삼겹살. 선바위에도 삼겹살과 미나리를 같이 먹을 수 있는 미나리 농장이 있다. 농장이지만 하우스가 아니라 번듯한 건물에서 운영되는 식당이다. 목살과 삼겹살, 된장, 김치, 미나리를 고르고 자리에 앉으면 불판이 차려진다. 지난주부터 미나리가 나오기 시작했다고 한다. 지금부터 봄까지 생생한 미나리 향기를 즐길 수 있다. 미나리와

🔈 회를 먹다가 질리는 순간 채소를 청해 회무침을 만들어 먹어도 좋다.

방어진활어센터

미나리 삼겹살

삼겹살의 궁합은 좋았다. 적당히 익은 김치 또한 훌륭했지만, 여기 또한 밥이 문제였다. 반만 담긴 채 생기 없이 물기만 가득한 밥은 힘이 하나도 없었다. 볶음밥 재료는 공짜로 준다는 문구를 보면서 대신 밥이나 제대로 했으면 하는 생각을 했다.

◇◇◇◇◇

내가 갔던 곳만 그럴 수도 있지만 우리나라 식당 대부분이 밥을 함부로 대한다. 좋은 쌀이 중요한 것이 아니다. 밥 지은 다음이 중요하다. 밥맛, '뭣이 중헌디' 생각한다면 공깃밥은 버려야 한다. 정부는 쌀 소비가 줄었다고 끌탕만 하지 말고 어떡하면 맛있는 밥을 내줄지를 고민해야 한다. 밥, 더는 함부로 해서는 안 된다.

상점 정보

- 봉계유통불고기 **주소** 울산광역시 울주군 두동면 계명로 96 **전화** 052-262-7477
- 방어진활어센터 우야엄마 **주소** 울산광역시 동구 방어동 중진2길 27 **전화** 010-3574-0031
- 선바위 미나리애삼겹살 돈구디 **주소** 울산광역시 울주군 언양읍 정거고중길 2-15 **전화** 052-211-0880

전라남도 진도

겨울

구수한 된장과 쫄깃한 숭어의 하모니

작년 이맘때 진도 오일장 취재를 하러 갔었다. 장이 서기 전날에 도착해 진도 구석구석을 돌아다녔다. 세월호의 아픔이 아직 고스란히 남아 있는 팽목항에도 갔다. 다음 날, 장터에 갔더니 아무도 없었다. 날짜를 확인하니 "아뿔싸!" 장날을 잘못 알고 갔던 것이었다. 부랴부랴 다른 장터를 알아보고는 취재를 마무리했다. 이번에는 제대로 알아보고 갔음에도 장날 아침 시장 가는 길이 조마조마했다. '혹시라도 장이 서지 않으면 어쩌지?' 하는 생각이 자꾸 났다. 트라우마 비슷한 것이 내 마음을 죄었다. 길을 돌아서 멀리 시장이 서 있는 모습을 보고 나서야 안심이 됐다. 사실 원래 목적지는 강진장이었다. 강진(4, 9장)의 장날을 2, 7장으로 잘못 알고 있던 것을 출발하기 전날에 알았다. 어찌했든 진도 장날(2, 7장)에 잘 맞춰 다녀왔고, 봄이 온 진도 오일장 구경 또한 잘하고 왔다. 그러면 된 거다.

진도로 가면서 일행에게 했던 말이 "시장에 씨감자가 나와 있으면 봄 시작이여. 여름은 고구마 순이 알리고, 봄은 씨감자여"였다. 시장 초입부터 씨감자가 반겼다. 검은 흙을 뒤집어쓴 겨울 감자(제주산) 옆에 나란히 놓여 있었다. 봄 시작이다. 씨감자는 싹이 난 씨눈 부분을 위쪽으로 향하게 한 뒤 통으로 심지 않고 하나를 여러 개로 잘라서 심는다. 지금 심으면 여름 초입 6월에 수확한다. 시장 구경하다가 노란 단무지 앞에서 멈췄다. 예전 군산 대야장에서 봤던 단무지가 여기에도 있었다. 술지게미를 뒤집어쓰고 노랗게 물든 채였다. 이런 단무지는 아삭하면서 쫄깃하다. 시판 단무지는 무를 탈색한 다음 다시 색소를 입히고는 첨가물로 아삭한 식감을 흉내 낸다. 할매가 가지고 나온

단무지는 술지게미 속에서 수분이 빠지면서 쫄깃한 식감으로 변신한다. 첨가물이 흉내 낼 수 없는 맛과 향이 있다. 반가운 마음에 "얼마예요? " 물었다. "두 개 5천 원." 단무지만 넣고 김밥 쌀 생각으로 샀다. 고춧가루로 양념해서 그냥 먹어도 좋지만, 아무것도 더하지 않고 단무지만 넣고 김밥 말아도 맛있다. 얼마 걷지도 못하고 희한한 나물 앞에서 멈췄다. "할머니, 이 나물은 뭔가요?" "톳나물." "뭐라고요?" "톳… 톳나물." 보리순 사이에 있는 나물은 아무리 봐도 톳이 아니라 '별꽃나물' 같아 보였다. 나중에 확인하니 별꽃이 맞았다. 된장무침하면 맛이 좋은 나물이다. 시장 구석구석 별꽃나물과 보리순이 보였다. 이 동네 별꽃나물 맛집인 듯. 봄이 오면 이런 나물들을 오일장에서 만날 수 있다. 이런 나물은 백화점에는 없다.

나물 사이를 지나니 어물전이다. 여기 또한 반가운 생선이 곳곳에서 발걸음을 멈추게 한다. '썩어도 준치' 할 때의 준치가 먼저 반긴다. 봄철 잠시 비추고는 사라지는 생선이다. 예전에는 많이 잡혔지만, 지금은 사라지고 있는 생선이다. 회무침을 해 먹으면 밥이고 술이고 사라지게 하는 마법을 지니고 있다. 부드러운 살결에 고소함을 가득 지니고 있다. 서대와 박대, 농어, 숭어에 낙지까지 맛난 게 지천이지만 눈길은 쏨뱅이로 향한다. 선어는 선어 나름의 맛이 있고, 반건조하면 또 다른 맛을 내는 생선이 쏨뱅이다. 낚시꾼들은 물론이고, TV 낚시 예능에서도 잡어 취급하는 생선이다. 그 대접에 찾는 사람이 적다. 쏨뱅이 맛을 아는 사람은 그저 감사할 따름이다. 소금 살살 뿌려 구우면 천하일미다. 회는 쫄깃하고 단맛이 돈다. 고급 어종으로 대접받는 붉

바리가 "형님" 할 정도다. 손님 기다리는 간재미도 물이 좋다. 사실, 간재미라는 어종은 세상에 없다. 홍어 새끼를 통상 간재미라 부르면서 다른 종인 양 이야기하는 것이다. 간재미라 파는 것을 자세히 보면 참홍어와 홍어 새끼가 섞여 있다. 홍어는 등뼈 사이에 반점이 있고, 참홍어는 없다. 흑산도 홍어는 참홍어를 말한다. 통영에서 가자미를 도다리라 부르는 것도 비슷하다. 어종을 동네마다 부르는 이름이 다르다. 앞서 울산에서 개우럭을 꺽저구라 부르던 것처럼 말이다. 수도권 낚시꾼에게 개우럭이란 40cm가 넘는 '개 큰 우럭'의 줄임말이다. 개우럭이라는 종이 있는지도 모른다.

식당에서 아침을 해결하고 나오는데 간 붉은 고추에 버무린 민물새우가 커다란 용기에 담겨 있다. 이 시기에 잠깐 나오는 녀석이라고 한다. 그대로 반찬 해도 좋고 보쌈에 쌈장 대신 곁들이면 맛이 배가 된다고 한다. 크지는 않지만 나름의 구경하는 재미가 한가득한 장터가 진도장이다. 진도도 꽤 큰 섬이다. 독보적으로 큰 제주를 제외하고는 거제 다음으로 큰 섬이 진도, 그다음이 강화도다. 진도는 농지도 꽤 넓어서 예전에 삼별초가 장기 항쟁을 할 수 있었다. 월동배추도 좋지만, 겨울에 소비하는 대파의 40% 정도가 진도에서 생산된다. 진도의 겨울은 대파다. 커다란 진도를 여행하면서 보면 한쪽은 월동배추, 다른 쪽은 대파 수확이 한창이었다. 대파 생산지지만 대파를 활용한 음식이 별로 없었다. 우리나라 대표 특산물 생산하는 곳이 대부분이 그렇다. 엄하게 모양만 본떠서 만든 팥빵은 어디나 있다.

진도에는 대파빵이 있다. 다른 지자체와 달리 대파를 제대로 활용해서 빵을 만들었다. 진도군청 앞 거리에 청년 창업몰이 있다. 잘게 썬 대파를 듬뿍 올려 빵을 굽는다. 맛을 보면 달곰한 겨울 대파의 향과 맛이 제대로 살아 있다. 대파빵 외에 대파스콘도 있다. 스콘을 맛보면 '어디에서 먹어봤는데? 나 이 맛 아는데?' 하는 생각이 든다. 곰곰이 생각하다 보면 딱 이 맛하고 거의 비슷하다. '야채크래커'. 대파스콘은 하이진도 카페에서도 판매하는데 스콘 내줄 때 같이 나오는 양파생크림이 매력이 넘친다. 진도 대파빵에는 맛있는 대파가 듬뿍 들어 있다. 특산물 활용은 이렇게 해야 함을 보여준다.

진도읍내에서 한참을 들어갔다. 복국 먹으러 30분 거리를 운전했다. 복잡한 도심에서 30분이면 그리 먼 거리가 아니다. 한적한 시골에서는 도심의 몇 배를 운전해야 한다. 사람들이 여기까지 와서 밥을 먹을까? 가는 내내 의구심이 들었지만 먹고 나올 때는 절로 고개를 끄덕였다. "그럴 만해." 졸복국 이야기다. 맑은탕으로 먹는 거 아니냐 물을 수 있다. 이곳은 큼지막한 졸복살이 듬뿍 든 어죽 스타일로 끓여낸다. 먹는 방법도 독특하다. 대파가 듬뿍 들어간 양념장을 넣어야 비로소 맛이 산다. 푹 끓여낸 졸복이 시원함을 담당한다면 고사리는 구수한 맛, 대파는 달곰한 맛 담당이다. 세 가지 맛이 조화를 잘 이룬다. 나오는 반찬 또한 다른 백반집보다 숫자는 적지만 맛있다. 탕과 함께 먹다 보면 적지도 않고 오히려 많게 느껴진다. 졸복국 맛이 워낙 뛰어나 김치 외에는 손이 잘 안 가는 탓이다. 졸복탕은 어디에나 있지만, 이

하이진도

굴포식당

겨울 숭어회의 맛은 천하일미다.

졸복탕은 진도에만 있다. 졸복탕의 기준을 바꾸는 맛이다.

요번 출장에는 특별한 손님이 동행했다. 만화가 허영만 선생님이 그 주인공. 한 달 전, "오일장 취재 일정이 어떻게 되냐?" 묻는 전화에 몇 개를 알려드렸다. 강진 일정(실제로는 진도에 가게 됐지만)이 맞으니 동행하면 어떨까 하셨다. 오랜만에 선생님과 동행이다. 몇 년 전만 하더라도 일 년에 서너 차례 선생님 모시고 일본 출장도 다니고 국내 출장도 다녔다. 선생님과 동행이니 저녁에는 꼭 소주 한잔할 것이라 안주를 생각했다. 진도는 전복 생산도 많이 한다. 투석식 굴 하는 곳도 있다. 몇 가지 중에서 투석식 굴찜으로 할까 했는데, "요새 숭어 좋지 않니?" 출장 가는 길에 선생님이 숭어를 추천하셨다.

이 겨울 숭어 먹기 딱 좋은 시기다. 숭어는 싸구려 횟감이다. 다들 그렇게 생각한다. 가격도 그렇다. 하지만 1월에서 2월 사이 숭어회 맛은 최고다. 날이 더울 때는 흙내가 나서 먹기 거북하지만, 겨울엔 냄새는 사라지고 쫄깃함이 가득하다. 작년 이맘때 진도에서 숭어회를 먹었기에 저녁에 바로 진도 수산시장으로 갔다. 숭어회 먹을 때는 초장도, 간장도 아니다. 공장식 된장이 아닌 전통 된장을 양념해서 먹을 때 제맛을 즐길 수 있다. 된장의 구수한 맛이 있어야 숭어의 쫄깃한 맛을 제대로 받쳐 하모니를 이룬다. 식재료의 맛은 계절에 따라 달라진다. 겨울은 숭어가 맛으로 가장 빛나는 시기다. 봄이 오면 또 다른 숭어의 맛이 빛나기 시작한다. 겨울에는 노란 눈의 가숭어가, 봄철에는 숭어가 맛있다.

상점 정보

- 하이진도 **주소** 전라남도 진도군 진도읍 옥주길 28 **전화** 010-3836-9611
- 샹티 **주소** 전라남도 진도군 진도읍 남동1길 41 **전화** 061-542-8834
- 굴포식당 **주소** 전라남도 진도군 임회면 임회신동길 10 **전화** 061-543-3380
- 바다사랑 **주소** 전라남도 진도군 진도읍 남동1길 40-12 **전화** 010-5333-0079

대구광역시

겨울

달성에는
흑염소 숯불구이가 별미

30대 초반인 2000년, 첫 대구 출장길에 동천 다리를 찾아간 적이 있다. 어릴 적 엄마나 이모들이 만나면 빠지지 않던 이야기. 이모들이 농담으로 "점마 동천 다리 밑에서 주워 왔는디…" 하던 게 생각이 나서다. 도대체 말로만 듣던 동천 다리 밑이 어딘가 싶었다. 대구에서 태어났어도 형, 누나와 달리 대구에 대한 기억이 없다. 돌이 되기 전 평택으로 왔기 때문이다. 태어난 곳은 대구, 자라기는 인천에서 자랐기에 둘 다 고향으로 생각하고 있다. 대구 오일장을 찾아가는 길에 30대의 추억이 잠시 스쳤다.

대구는 넓은 도시다. 사방이 산으로 둘러싸인 분지형, 그 덕에 여름이면 '대프리카' 소리를 듣는 곳이다. 모든 광역시가 그러하듯 대구 또한 주변의 군을 통합해 광역시가 되었다. 그 덕분에 시골과 도시 풍경을 동시에 가진 오일장이 선다. 시내 중심의 반야월시장(1, 6장)과

백년 도깨비 시장

불로시장(5, 0장)이 있다. 달성군에도 두 개의 장, 현풍시장(4, 9장)과 화원시장(1, 6장)이 선다. 네 개의 시장 중에서 4일과 9일이 든 날에 장이 서는 현풍시장에 다녀왔다.

현풍시장은 비슬산에서 시작해 낙동강으로 흐르는 현풍천 옆에 자리 잡고 있다. 천변 쪽에 재래시장에서 흔히 볼 수 있는 청년몰이 있다. 유행처럼 번진 청년몰은 예산을 쥔 어른들의 상상 속에서만 번영한 듯싶다. 전국 어디를 가나 비슷한 모양새다. 외관은 그럴듯하지만 속사정은 좋지 않다. 시장은 사람과 돈과 물건이 흐르는 곳이다. 막힘없이 흘러서 넘쳐야 하는 사람이 없는 시장은 시장답지 못하다. 이런 기본적인 원리를 파악하지 않고 겉보기에 좋아 보이고, 저쪽이 했으니 이번엔 이쪽에 예산을 배정하는 '나눠먹기식'이다. 어른들도 어쩌지 못하고 있는 지방소멸 상황에서 청년들에게 등 떠미는 식의 정책은 아니라고 생각한다. 현풍뿐만 아니라 광역시에 있는 청년몰을 보면 현실은 비슷하다. 광역시가 이러니 지방의 작은 도시는 보기가 민망할 정도다. 그나마 폐점을 최소화하려면 외관 치장에 쓰는 예산보다는 지속적인 지원이 청년몰을 살리는 방안이 아닐까 한다. 한때의 유행은 정치인과 그 주변 인물에게만 좋을 뿐이다.

현풍장의 중심에는 상설시장이 있다. 수구레국밥을 비롯해 다양한 먹거리를 팔고 있는 상점이 시장 내 있다. 그 주변으로 오일장이 선다. 사람이 있으니 시장 구경할 맛이 난다. 오가며 어깨를 부딪치지 않게 조심조심 걸어야 시장이다. 구경 삼아 돌아보니 가을과 겨울의 경계에서 조금 더 겨울로 치우쳤다. 밝은 초록색이었던 시금치도 이제는 제법 진해졌다. 시금치는 겨울 작물, 서리를 몇 번 맞고 눈도 맞아야 제맛이 나는 작물이다. 보기 예쁜 시금치는 눈에만 만족스러울 뿐 입에는 만족스럽지 않다. 설탕이나 MSG가 흉내 낼 수 없는 맛은 추위가 아니면 쉽게 내어주지 않는다. 11월 말 대구는 얼추 김장 시즌이 끝난 듯싶었다. 장터에는 김장 배추나 무가 거의 없었다. 그렇게 또 한 계절이 가고 있었다.

조금 더 걸어보니 모과가 보인다. 모과만 전문으로 키우는 곳은 드물다. 동네 어귀나 농장에 몇 그루 서 있는 나무에서 딴 것들이 대부분이다. 모과는 떫은맛이 강해 생과로는 먹지 못한다. 설탕과 버무려 청으로 만들어 먹는다. 집에서 청을 만들면 모과가 위로 둥둥 떠오른다. 모과뿐만 아니라 매실, 청귤, 유자도 마찬가지다. 시판 모과차나 유자차를 보면 병 안에 골고루 섞여 있다. 마법인가 싶지만 식품첨가물 때문이다. 해초에서 추출한 카라기난 성분이 모과가 위로 뜨는 것을 막고 골고루 퍼지게 한다. 수제로 만든 것이라면 위로 동동 뜨는 것이 맞다. 모과는 찾는 이가 적어 가격이 저렴하다. 향이 좋아 차량용이나 실내 방향제로도 좋다. 몇 개만 사서 청을 담그면 겨울철 건강음료로 손색이 없다. 저렴한 모과차는 당절임 모과에 다시 설탕을 더한 것이 많다. 가격에 속지 말고 모과 함량을 봐야 한다. 대형할인점이나 인터넷에서 파는 청은 색이 밝다. 따로 색소 등을 넣는 것은 아니다. 다만 비타민 C가 풍부하게 든 즙을 넣는다. 비타민 C는 변색을 막아준다. 집에서 청을 담그면 색이 바래는 것은 비타민 C가 부족해서다.

시장을 돌아보고 시내를 다니면서 보니 다른 곳과 달리 수제비 하

찹쌀수제비

는 곳이 많았다. 상설시장 내 먹거리에도 수제비는 빠지지 않았다. 시내의 국수 파는 곳이라면 여지없이 메뉴에 수제비가 있었고 수제비 전문점도 심심치 않았다. 수제비는 보통 밀가루 반죽을 떼어 해물, 김치, 감자 등과 함께 넣고 끓인다. 얼큰하게 끓이는 것보다는 구수한 감자나 다슬기 넣고 끓인 것을 좋아한다. 대구는 조금 달랐다. 수제비가 두 종류였다. 매운 것과 안 매운 것이 아니라 밀가루와 찹쌀 두 가지다. 시장통에 앉아 수제비를 주문했다. 아주머니가 되물었다. "밀가루요?" "아뇨, 찹쌀요." "찹쌀인지, 밀가루인지 확실하게 이야기해줘야 합니다." 메뉴에 수제비와 찹쌀새알수제비 두 가지가 있었다. 다니면서 찹쌀수제비를 봤을 때 든 생각은 반죽할 때 찹쌀을 조금 넣는 건가 싶었다. 밀가루의 전유물인 수제비와 찹쌀이 전혀 연결되지 않았다. 앞에 놓인 수제비를 봤다. 새알이 들어 있다. 비로소 찹쌀과 수제비가 연결되었다. 국물에 들깻가루를 넣었다. 황태와 미역이 들어가서 맛은 시원함과 동시에 구수했다. 해장용으로 알맞은 편안함이 있다. 다른 지역에 가면 찹쌀로 만든 새알은 팥죽이랑 궁합을 맞춘다. 대구는 특이하게 새알이 수제비의 주인공이다. 수제비라는 메뉴지만 맛을 보면 찹쌀새알탕 혹은 국 같다. 한 끼 편하게, 혹은 해장용으로 알맞은 음식이다. 현풍시장 안의 간이음식점에서 낸다. 여기가 아니더라도 대구에 있는 시장 어디서든 판다.

지면을 통해 지역에 있는 음식 소개를 한다. 그 과정에서 잘 소개하지 않는 메뉴는 한정식이고 재료로는 흑염소다. 한정식은 겉멋만 잔뜩 들어 있어서 하지 않는다. 흑염소는 대부분 탕이나 전골인지라 한 번 소개하고는 하지 않았다. 대구 달성을 가면서 무엇을 먹을까 고민할 때 한 음식점이 눈에 띄었다. '흑염소 숯불구이'가 주메뉴다. 구미가 바로 당겼다. 숯불구이로 쓰는 고기는 빤하다. 가장 많은 것이 돼지고기, 그다음이 소고기다. 닭고기도 있지만 다른 것보다 부러 더 찾아 먹어야 한다. 흑염소를 숯불구이 하는 곳이라 하니 맛이 궁금해 찾아갔다. 주문하고 앉으니 잠시 후 고기가 나왔다. 한 번 봐서는 소고기를 구워놓은 듯싶었다. 맛을 봤다. 부드러운 식감에 간장 향과 단맛이 난다. 목구멍을 넘길 때 흑염소 특유의 맛이 혀에 살짝 비추고는 사라졌다. 별미였다. 씹는 듯 마는 듯한 식감이 재밌다. 간장으로 하는 양념이기에 소나 돼지와 별반 차이가 없다. 다만 고기가 부드럽다는 등 씹는 맛에 차이가 있어 선호도가 갈린다. 돼지와 소가 양분하는 숯불

◀: 생각 이상으로 맛이 좋았던 흑염소 숯불구이.

김치찌개는 김치가 맛있어야 한다.

토속정식당

구이 판에 지분을 요청해도 무방할 정도의 맛이다. 돼지고기와 소고기는 미리 양념에 재워둔다. 흑염소는 바로 무쳐서 굽는다고 한다. 미리 재워놓으면 잡내가 난다고 한다.

어느 강연에서 이런 이야기를 했다. "김치찌개 잘 끓이는 비법을 알려줄까요?" 우리나라 사람이라면 싫어하는 이가 드문 찌개의 비법이라니, 언제 끝나나 하던 사람들의 눈빛이 빛나기 시작했다. 잠시 후 들린 소리는 "에이~"였다. 비법은 딱 하나다. 다 필요 없고 맛있는 김치로 끓이면 된다고 했다. 김치찌개를 끓일 때 김치보다는 다른 재료, 즉 조연에 더 신경을 쓴다. 돼지고기, 참치, 꽁치 등등 말이다. 부대찌개 또한 가만히 생각해 보면 김치찌개에 햄을 넣은 것뿐이다. 육수나 부재료 자랑은 많이 해도 김치 자랑은 안 한다. 먹는 이 또한 신경 쓰지 않는다. 김치찌개의 주인공은 김치다. 8개월에서 1년 숙성한 김치로 끓인 찌개를 먹어보면 바로 고개를 끄떡인다. 국산 콩으로 만든 두부나 껍질 있는 오겹살이 들어 있어도 젓가락은 김치로 향한다. 맛있는 것에 대한 본능이다. 김치가 주연인 찌개에서 돼지고기는 맛을 조금 거드는 조연일 뿐이다.

상점 정보

- 수록장 **주소** 대구광역시 달성군 가창면 가창로 607 **전화** 053-767-4418
- 토속정식당 **주소** 대구광역시 달성군 구지면 구지동로12길 36 **전화** 053-614-2282

대전광역시

겨울

겨울에 만난 '해콩국수'의 맛, 유성 오일장

이번에는 대전광역시다. 인천, 부산, 광주, 울산, 지난번 대구에 이어 유일하게 가지 않던 광역시다. 지역들이 계절마다 맛으로 저마다의 매력을 뽐내기에 대전은 미루고 미뤘다. 오일장 시리즈 세 번째 책 마감을 앞두고, 해를 넘기면 더는 안 될 듯싶어 다녀왔다. 27년 동안 지방 출장을 다녔다. 다닌 거리가 백만 km 가까이거나 넘지 않았을까 싶다. 사통팔달로 뚫려 있는 지금의 고속도로와 달리 경상도와 전라도를 가려면 대전이 필수 경유지였다. 내려가던 길에 대전 표지판이 보이거나 올라오는 길에 대전이 나타나면 "이제 반 왔네" 했다. 많은 지역을 다니는 동안 가는 곳마다 추억을 쌓았지만, 오가던 길에 있던 대전은 그냥 '반'의 의미였다.

대전은 역 앞 중앙시장이 규모도 크고 먹거리, 볼거리가 많다. 사람이 모이면 필연적으로 거래가 따라오기에 사람이 많은 곳에 시장

고구마
10k
고구마
고구마

가마솥

이 선다. 오가는 사람의 수에 따라 시장 규모가 결정된다. 기차 시간이 남는다면 빵 사는 줄에 동참하는 것보다는 시장 구경을 한다. 서울 종로 광장시장 못지않게 먹거리가 가득한 곳이 중앙시장이다. 사람이 많으면 비정기 시장은 정기 시장, 즉 상설시장이 된다. 그 정도 규모가 되지 않으면 여전히 오일장이 선다. 대전의 대표 오일장은 두 곳이다. 신탄진 오일장(3, 8장)과 유성 오일장(4, 9장)이다. 원래는 신탄진장, 유성장 두 개 모두 보고 올 생각이었지만, 음식 강연으로 일정이 미뤄지면서 유성장만 봤다.

도시의 오일장은 규모가 있다. 군 단위의 장보다 몇 배나 크다. 오가는 사람이 많으니 사람 구경은 실컷 한다. 장터에 파는 사람만 있으면 구경하는 재미가 없다. 유성시장은 상설시장이지만 장날에야 비로소 시장 티가 난다. 유성장옥이라는 건물이 있어도 오일장이 서야 시장다운 모양새를 갖춘다. 장옥을 기점으로 세 개의 기다란 골목 가득 장이 펼쳐진다. 오가는 이도 많아 시장 보는 재미가 있다. 대전에서 나는 것은 적어도 공주나 금산 등지에서 온 것들이 꽤 있다. 시장 구경하는 사이 어디서 많이 본 나물이 눈에 들어왔다. 갸우뚱하면서 빤히 보다가 할매에게 여쭸더니 "속대나물(할머니 말씀이 명확하지는 않았다), 근데 무지 써." "이름이 뭐라고요?" "속대… 속대나물. 무치면 무지 쓴데 맛있어." 집으로 돌아와 쓴맛 나는 속대나물을 검색했다. 검색 결과 대나무나 배추속대만 나왔다. 힌트는 쓴맛! 어디서 많이 본듯하고 쓴맛이 난다? 씀바귀 종류이지 싶었다. 검색하니 씀바귀가 맞았다. 씀바귀 종류 중에서도 노란 꽃을 피우는 노랑선씀바귀다. 시장 내

두어 곳에서 팔고 있었다. 계절을 앞당긴 달래나 냉이보다 입맛을 더 당길 듯싶었다.

유성에서 조금만 더 가면 공주이니 밤 파는 곳도 많았다. 군밤이나 생밤을 시식하고 있었다. 달곰한 공주 밤을 오물오물 씹으며 걷다 보면 만나는 것이 고구마다. 고구마는 전국에서 난다. 밤이나 고구마는 갓 수확한 것이 가장 맛없다. 바로 수확한 것은 전분이 많아 단맛이 적다. 씹고 또 씹어야 겨우 단맛이 난다. 가을에 수확해 일정 기간 보관해야 비로소 맛이 난다. 몸체를 유지하던 전분이 당화되면서 단맛이 돈다. 가을에 산속의 햇밤을 주우면 산에서 난 것이라 맛있겠다는 생각이 들어도 맛보면 제맛이 안 난다. 고구마 또한 그렇다. 수확하고

씀바귀

서촌빵집
팥들었슈
서촌빵집
밤들었슈

나서 쨍한 추위를 만났을 때 비로소 단맛이 난다. 지난겨울에 맛봤던 촉촉한 고구마를 생각하고 사보면 그 모양도, 맛도 아니다. 시간이 지나 전분이 엿당으로 바뀌어야 비로소 제맛이 난다. 작물에 따라 맛도, 먹는 시기도 달라진다.

오일장보다 좀 더 지역스러운 상품을 사고 싶다면 로컬 매장을 추천한다. 유성장에서 차로 10여 분 거리에 규모가 제법 있는 로컬푸드 매장이 있다. 충남 지역에서 생산한 농산물과 가공품을 만날 수 있다. 지역에서 나는 다양한 유제품이 일반 로컬푸드 매장보다 다양하다. 쌀을 이용한 빵도 맛있지만, 특히 홍성의 팥으로 만든 단팥빵과 공주 밤을 넣어 만든 빵 또한 일품이다. 올라오는 길에 먹을 요량으로 산 꼬마김밥 역시 맛있다.

겨울은 메밀의 계절이다. 여기저기 햇메밀 이야기가 쏟아져 나올 때가 지금이다. 메밀로 만드는 음식에는 전, 전병, 막국수, 소바, 냉면 등이 있다. 막국수는 강원도에서 많이 먹는다. 메밀이 재료가 되는 냉면집은 서울에 몰려 있다. 이름은 평양냉면이지만 서울냉면이라 해도 무방할 정도다. 대전에도 오랫동안 사랑받는 냉면집이 '숯골원냉면'이다. 꿩 육수를 베이스로 한 것과 닭 육수로 한 냉면 두 가지를 낸다. 거기에 잘 익은 동치미 육수를 더했다. 냉면을 주문하면 동치미를 잘게 저민 것이 얹어져서 나온다. 일반적인 냉면집의 살짝 빨갛게 물든 무김치와는 다른 모양새다. 그냥 먹어도 좋고 면과 함께 먹으면 더 좋다. 아삭아삭 동치미를 먹다 보니 어느새 면이 사라져 있다. 혼자면 만두 반 접시까지 가능하다. 만두는 필수다. 먹어보면 안다.

(왼)숯골원냉면 (오)오로지

겨울이 메밀의 계절이라면 콩 또한 그렇다. 예전에 〈어쩌다 어른〉에 나가서 이런 말을 했다. "가을에 가장 맛있는 것은 '쌀'"이라고 말이다. 가을에 촬영해서 겨울에 나갔다. 가을에 쌀을 생각하는 한편 겨울에 가장 맛있는 것은 콩이라고도 생각했다. 비록 방송에서는 말하지 못했지만 말이다. 경기도 파주에서 개최하는 장단콩 축제도 11월 말에 열린다. 겨울에 해콩으로 만든 두부는 맛있다. 콩의 에너지를 가득 담았기에 구수함이 말로 형용하기 어렵다. 두부를 입 안 가득 넣으면 콩 향이 은은하게 퍼진다. 우리가 알고 있는 해콩을 즐기는 방법이다. 대전에서 해콩은 다르게 접근한다.

지역을 다니면서 콩이 가장 맛날 때 왜 콩국수는 안 파나? 생각했다. 햇메밀이 나오면 막국수 집이나 냉면집에서는 너도나도 판매하는데 콩국수는 왜 여름에만 하는지 궁금했다. 콩국수는 더위가 한풀 꺾이고 서늘한 바람이 불기 시작하면 시즌 아웃. 내년을 기약해야 한다. 해를 넘겨 콩의 구수함이 사라질 즈음 여름에 시원한 맛으로만 먹는다. 한편으로 혹시나 하며 찾아봤다. 한겨울 대전 시내 한복판에서 콩국수 파는 곳을 찾았다. 국내산 해콩을 불리고 삶아서 콩물을 낸다. 앞에 놓인 콩국수, 겨울 시작 즈음에 만난 콩국수가 낯설어도 심장은 두근두근. 콩물을 숟가락으로 떠서 맛보자 예상대로 그윽하고 우아하게 고소한 콩 향기가 입 안에 퍼진다. 같이 나온 파김치가 콩국수의 고소함을 탄탄하게 받친다. 여름에는 결코 맛보지 못한 콩국수 맛이다. 여름에 먹는 콩국수는 시원함이 장점이라면 겨울에 먹는 콩국수는 '맛'이다. 겨울 콩국수를 먹어보지 않았다면 믿지 못할 것이다. 겨울에도

'아아(아이스 아메리카노)'를 주문하는 이라면 꼭 한 번 맛보기를 권한다. 국수 좋아하는 이 또한 먹어봐야 한다. 겨울에 먹는 냉면이 맛있다면 콩국수 또한 그렇다.

상점 정보

- 로컬푸드 파머스161 **주소** 대전광역시 유성구 엑스포로151번길 36 **전화** 0507-1349-1610
- 숯골원냉면 **주소** 대전광역시 유성구 신성로84번길 18 **전화** 042-861-3287
- 오로지 **주소** 대전광역시 중구 계백로 1701-6 1층 **전화** 042-533-4987

전라남도 목포

겨울

아는 맛에 제철을 더하면 빛나는 맛이 된다

전국 시군 중에서 오일장이 없는 곳이 몇 있다. 속초와 강릉이 그랬다. 강릉은 그나마 천변에서 새벽시장이 열린다. 오일장에서 상설시장으로 바뀐 정읍, 아직 가보지는 않았지만 전주 또한 오일장이 없다. 오일장이 있을 것 같던 목포 또한 장이 서지 않는다. 다만 목포역 뒤 (구)청호시장 주변에서 새벽시장이 열린다. 새벽시장은 이른 시간에 열리는 대신 가격이나 품질이 좋다. 오일장만큼의 매력이 물씬 풍기는 곳이 새벽시장이다.

청호시장은 '신(新)'과 '구(舊)', 두 개의 시장이 있다. 새벽시장이 열리는 곳은 예전 청호시장 자리. 대교가 놓일 계획 때문에 이전했다고 한다. 다리 건설이 차일피일 미뤄지면서 천호시장이 떠난 자리에 노점상이 다시 설치되고 그곳에서 새벽시장이 계속 열리고 있다. 목포로 가는 길 내내 눈이 내렸다. 잠시 작년 장흥처럼 오일장이 서지 않는 건가 하는 염려가 들었다. 눈이 와도 도시이니 상설시장이나 수산물 시장은 열리지 않을까? 하는 안일한 생각을 했다. 안일했던 부분이 현실이 됐다. 전남 지역에 내린 대설주의보와 풍랑주의보에 시장 취재는 날아가버렸다. 상대적으로 따듯한 남쪽 목포는 추위와 흩날리는 눈발에 시장 기능을 멈췄다.

새벽시장이라지만 눈 오는 것을 감안해 느지막이 길을 나섰다. 노점상이든 상가든 열린 곳이 드물었다. 이곳저곳 돌아다녀도 사람 보기 힘들었다. 문 연 곳 또한 이내 문 닫을 듯한 분위기였다. 눈이 계속 내리는 것은 아니었다. 잠시 개었다가 언제 그랬냐는 듯이 다시 강풍이 불며 눈이 내리기를 반복했다. 파장이었다. 새벽시장을 포기하고는 여객 터미널 앞 항동시장으로 향했다. 홍어 등 수산물 거래가 이뤄지는 곳 또한 문 연 곳이 드물었다. 오전 11시가 되어도 사람 구경할 수 있는 곳은 겨우 떡집. 시장 안은 여전히 어두웠다. 가는 날이 장날이었다. 혹시나 하는 마음으로 수산물 경매장이 있는 북항으로 갔다. 여기 또한 바람과 눈으로 인한 개점휴업 상태. 차가워진 마음처럼 서늘한 물이 흐르는 수조엔 낙지와 생선 조금만 있었다. 풍랑주의보에 싱싱한 생선이 들어오지 못한 탓이다. 여름이면 민어 경매에 사람들이 바글거리던 모습과는 달랐다. 그냥 돌아서기 아쉬워 그나마 있는 것 중에서 찾다 보니 광어가 눈에 띄었다. 대설주의보가 한창인 육지와 달리 바다의 계절은 아직 가을이다. 온갖 매체에서는 방어 타령이 연신 울리나 사실 12월은 광어의 계절이다.

0-7788-1004
278-7200
우주상회

이른 봄에 산란하는 광어는 맛으로는 지금이 정점. 누구도 찾지 않으니 광어는 맛에 비해 상대적으로 저렴한 가격으로 살 수 있다. 가성비라는 것이 낸 금액에 대한 맛의 대가라면 12월의 광어는 '갑 오브 갑', 가성비를 넘어 '갓성비'를 자랑한다. 올림픽에서 맛과 가성비의 종목이 있다면 광어는 금메달감이다. 누구나 찾는 방어는 예선 탈락이다. 남아 있는 몇 마리 중에서 가장 큰 놈으로 골랐다. 같은 크기라도 살집 좋은 것을 고르는 게 요령이다. 생각했던 금액보다는 조금 높았지만, 며칠 배가 들어오지 않은 상태를 고려하면 수긍할 수 있는 정도였다. 경매장에서 사서 건너편 회센터로 가 회를 떴다. 하얀 생선 살 속에 겨울을 대비해 기름기를 가득 품고 있었다. 센터 권장이 건네주는 뱃살을 맛보니 고소함이 가득했다. 같이 간 이 또한 처음 맛보는 12월의 광어 뱃살 맛을 보고는 겨울 방어 생각을 지웠다. 바다 생선은

12월 광어는 1년 중 가장 맛있다.

우리와 다른 시간을 산다.

생선 이야기가 나온 김에 하나 덧붙이자면 목포시에서 정한 9미가 있다. 찬찬히 살펴보니 전부 생선이다. 우럭, 낙지, 홍어(삼합), 준치, 민어, 갈치, 꽃게, 아귀, 병어다. 목포는 항구이니 그럴 수 있다고 치더라도 빠진 게 있다. 사시사철 수산물이 나기에 사시사철 각각의 맛으로 빛나는 것들이 있다. 12월의 광어처럼 말이다. 준치만 하더라도 겨울부터 봄 사이에 잠깐 생물이 나오고는 이내 모습을 감춘다. 짧게 나오는 선어 회를 제외하고는 대부분 냉동이다. 갈치 또한 사계절 내내 나온다. 목포에서 제주 근해까지 가서 잡아 온다. 목포 배가 잡았으니 목포 먹갈치가 되는 셈이다. 갈치 또한 맛으로 빛나는 시기가 지금이다. 9미 선정만이 목표가 되어서는 안 된다. 거기에 맛으로 빛나는 시기를 추가해 찾아오는 사람들에게 알맞은 정보를 줘야 한다. 생선은 계절에 따라 맛이 오르락내리락한다.

9미 선정을 누가 했는지 몰라도 12월의 송어를 빠뜨렸다. 목포에서 말하는 송어는 강원도 평창이나 화천에서 키우는 송어와는 다른 생선이다. 흔히 '밴댕이'라 부르는 반지를 일컫는다. 반지를 밴댕이라 부르는데 잘못 부르는 것이다. 밴댕이라는 생선은 따로 있다. 청어과의 생선으로 흔히 밴댕이 새끼를 디포리라 부른다. 뒤(디)가 퍼(포)래서 디포리다. 밴댕이 혹은 송어라 부르고 있는 것은 반지다. 강화, 인천 등의 수도권에서는 밴댕이로 알고 있지만, 표준어는 반지다. 반지가 나면서 반지라 부르는 곳은 군산이 유일하다.

눈발이 흩날리는 목포 부둣가에 유일하게 불을 밝히고 있는 만선

만선식당

식당. 몇 년 전 다큐멘터리를 찍으면서 인연을 맺은 곳이다. 들어가자마자 바로 송어회(반지회)를 주문했다. 작은 생선인 반지는 한 마리에서 앞뒤로 두 점이 나온다. 앞과 뒤는 사람의 관점이고 반지의 입장에서 좌우 두 점이다. 앞이든 뒤든, 좌든 우든 상관없다. 기름기 가득 품은 회는 아이스크림처럼 입에서 살살 녹는다. 작은 반지회는 12월의 목포 바다를 품고 있다. 반지의 계절은 지금부터 초봄까지다. 산란할 때는 알과 정소에 모든 에너지를 쏟기 때문에 에너지를 품고 있는 겨울 반지는 지금이 제철이다. 따듯한 봄날이 아니다.

생선구이 집의 대표 메뉴는 고등어와 기타 등등이다. 간혹 삼치가 등장하긴 하더라도 어른 삼치가 아니라 흔히 '고시'라 부르는 삼치의 새끼다. 크기가 성어인 고등어보다 크더라도 40cm 미만은 새끼가 맞다. 그 이상이더라도 1m 넘게 크는 삼치와 비교하면 '애삼치' 다. 지면을 통해 삼치의 맛을 몇 번 이야기했다. 12월은 삼치의 계절, 회도 좋고 구이면 더 좋다. 먹갈치 내는 곳이 더 많은 목포에서 대삼치를 내는 곳이 있다. 삼치 크기가 우선 마음에 들고, 수저를 싼 종이에 새겨진 글귀 또한 마음에 든다. '밥이 맛있는 식당'이라고 커다란 글씨로 새겨져 있다. 9미를 선정하고 음식을 만드는 과정에서 중요한 것을 잊기 쉽다. 바로 '밥'이다. 잘 만든 탕, 조림, 회에 숨이 죽은 공깃밥 내는 식당이 많다. 여기처럼 바로 밥을 하라는 것이 아니라 음식 차릴 때 바로 퍼서 주면 된다. 갓 푼 따스한 밥 위에 두툼한 삼치구이를 올리면 9미가 다 덤벼도 안 된다. 밥 한 그릇 '순삭'이다. 간장과 와사비가 같이 나와도 찬으로 나온 세하젓(쌀새우젓)을 찍어 올리면 간과 맛이 딱 알맞다. 여기보다 삼치 맛나게 구워내는 곳을 못 봤다.

목포역 앞 중국집, '중깐'으로 유명한 중화루가 있다. '중화루 간짜장'을 줄인 것이 중깐이다. 흔한 선택 갈등 유발 품목인 짜장과 짬뽕. 중화루는 중깐이 유명하기에 대부분 중깐을 주문한다. 사실 이 집이 짜장과 짬뽕 사이에 고민을 유발하는 원조집이 아닌가 싶다. 중깐이 뭔지도 몰랐던 필자가 10년 전에 주문한 것은 짬뽕이었다. 그때만 하더라도 항구도시에서는 무조건 짬뽕을 주문했었다. 다른 곳보다 수산물이 풍부하기에 짬뽕 건더기가 실하다는 이유다. 아닌 곳도 분명히 있지만 여기는 달랐다. 풍부한 수산물이 내는 얼큰한 국물이 압권이었다. 피조개가 바지락처럼 들어가 있는 비주얼 또한 한몫했다.

중깐을 알고부터는 이 식당에서는 선택의 망설임이 생겼다. 이날은 눈이 흩날리는 날씨 덕인지 선택의 고민 없이 짬뽕을 주문했다. 위

중화루

소라와 대왕오징어, 홍합만 있는 다른 짬뽕과 달리 여기선 새우, 건새우, 가리비, 전복, 피조개 등이 듬뿍 들어간 짬뽕이 나왔다. 다음에 간다면 짜장과 짬뽕 사이에서 갈등이 생길 것이지만 그래도 겨울은 짬뽕이다. 식사를 하고 근대역사관으로 방향을 돌리면 목포에서 자란 이들이 차린 예쁜 레스토랑 겸 카페가 나온다. 이 집 치즈케이크 잘한다.

◇◇◇◇◇

날씨 덕에 오일장은 파장이었어도 맛으로 제대로 즐긴 목포다. 흔히 알고 있는 맛에 제철을 더하면 맛은 더 빛난다.

상점 정보

- 만선식당 **주소** 전라남도 목포시 서산로 2 **전화** 061-244-3621
- 어문당 **주소** 전라남도 목포시 하당로30번길 **전화** 061-284-9682
- 중화루 **주소** 전라남도 목포시 영산로75번길 6 **전화** 061-244-6525
- 능소화 **주소** 전라남도 목포시 영산로 19-1(대의동3가) 1동 2층 **전화** 061-244-4198

겨울

가장 맛있는 제주를 만날 수 있는 한겨울

'겨울 제주는 맛있다'라는 이야기를 지면과 매체를 통해 기회가 닿을 때마다 한다. 사계절 나름의 맛이 있어도 겨울 제주가 가장 맛있다. 게다가 여행 비용도 여름 휴가철이나 단풍 지는 가을에 비하면 반값이다. 항공, 렌터카, 숙박 등 여행에서 가장 큰 비중을 차지하는 세 가지에 들어가는 돈이 적다. 비용만 적은 것이 아니라 사람까지 적어서 다니기 수월하다. 이런 조건에서 맛으로 빛나는 겨울 제주 여행을 멀리할 이유가 없다.

제주도 둘레를 한 바퀴 돌면 대략 200km다. 1박 2일 일정이라면 그 일정에 오일장을 넣어도 좋다는 이야기다. 제주는 날마다 장이 선다. 제주시에는 제주시(2, 7)·한림(4, 9)·세화(5, 0) 오일장이 있다. 제주의 반인 서귀포의 오일장은 고성(5, 0)·대정(1, 6)·서귀포(4, 9)·성산(1, 6)·중문(3, 8)·표선(2, 7)이다. 날짜를 보면 하루도 빠짐없이 장

이 선다. 사는 사람과 시장 크기에 따라 오일장 규모가 크거나 작다. 볼 것이 많은 장은 제일 큰 제주시 오일장과 서귀포시장이다. 살 것 많은 곳 또한 그곳이다. 9개 오일장 중에서 가장 재미난 곳이 대정, 모슬포에서 열리는 오일장이다. 크기, 물건, 사람, 먹거리가 우리가 딱 좋아하는 말로 '적당한' 수준이다. 상품 가격 또한 그렇다. 제주도는 제주, 서귀포, 세화, 대정까지 취재했다. '그걸로 끝을 내야지' 했다가 생각이 바뀌었다. 제주도 장터를 중심으로 촬영한 드라마를 재미나게 봤다. 제주도 오일장에 대해 몰랐거나 혹은 관심 없던 부분과 그 매력에 대해 한 번 짚고 나서 마무리하면 어떨까 하는 생각이 들었다. 마무리로는 어디가 좋을까, 하다가 고른 곳이 중문 오일장이다.

서귀포시 중문 중심부에 작은 오일장터가 있다. 예전에 봤던 성산 오일장보다는 크더라도 장터가 한눈에 들어온다. 작아도 있을 건 있고, 불난 호떡집처럼 사람 끄는 곳 또한 있다. 봄·여름·가을·겨울 할 것 없이 생선 가게는 늘 붐빈다. 다른 시장처럼 다양하지는 않더라도 지금 제일 많이 나고 찾는 것이 있다. 여기서는 백조기와 옥돔, 그리고 옥두어다. 육지 사람들이 많이 찾는 참조기는 육지로 보내고 상대적으로 덜 찾는 백조기나 수조기는 제주 사람의 몫이었다고 한다. 그런 식문화는 제사상에 백조기 올리는 풍습으로 남았다고 한다. 제사상에는 흔히 구하기 쉬운 것 중에서 좋은 것을 올린다. 구하기 힘든 귀한 것이 아니다.

백조기 옆에는 옥두어, 그 옆에는 옥돔이 있었다. 옥두어는 보통 중국산이라 생각하는 이들이 꽤 있다. 옥두어는 옥돔과 비슷하지만 다른 생선이다. 시장 상인은 '검은 옥돔'이라 부른다고도 했다. 가격을 물어보며 맛은 어느 게 더 좋냐 물었다. 맛은 옥두어가 좋고 가격은 옥돔이 높다는 답이 돌아왔다. 제주에서 흔히들 찾는 음식 중에 옥돔국이 있다. 무 송송 채 썰어 푹 끓이고는 옥돔 한 마리 넣어 다시 한소끔 끓이는 음식이다. 레시피는 간단해 재료가 다하는 음식이다.

그날 판매가는 옥두어가 옥돔의 반값이었다. 두 배 비싼 옥돔을 국에 넣는다고 맛이 두 배가 되진 않는다. 옥두어보다 옥돔이 먼저 유명해진 탓에 옥돔이 비싸졌을 뿐이다. 『한반도 바닷물고기 세밀화 대도감』에서도 옥돔보다 옥두어 맛이 더 좋다고 한다. 방어보다 비싼 옥돔 1kg 살 돈으로 옥두어 2kg을 샀다. 맛나고 저렴한 것에 돈을 안 쓰면 나만 손해다.

원래는 시장에 삼치가 있으면 살 생각이었다. 목포 편에서도 이야기했듯이 지금 삼치보다 맛있는 생선 찾기가 쉽지 않다. 가격, 맛 둘 다 만족시키는 생선이 삼치다. 시장을 얼추 보고 한림항 중매인을 만났다. 이야기를 나누고 예전 공판장 옆에 새로 건물을 올린 어판장에 들렀다. 횟감과 수산물 판매대가 있다. 잠시 둘러보는데 중문시장에서 못 보던 삼치가 있었다. 임을 본 듯 반가워 가격을 보니 반가움은 두 배다. 3~4kg 횟감용 대삼치 한 마리 3만 5천 원. 안 사고는 못 배길 가격이다. 갈치 또한 매력적인 가격이었지만 옥두어에 삼치까지 샀기에 갈치 생각은 접었다. 사실 이미 산 게 많아서 생각을 접었다기보다는 세 가지 중에 가장 맛이 떨어져서 굳이 사지 않았을 뿐이다.

제주에서 메밀이 많이 나는 것은 다들 익히 알고 있다. 접짝뼈국이

◀ 옥돔이 널리 알려져 있지만 실상은 옥두어가 더 맛있다.

제주밀팡베이커리

무늬오징어

나 몸국, 빙떡 만들 때 빠지지 않는 재료가 메밀이다. 2005년도였나? 제주도 메밀이 강원도로 많이 수출(?)된다는 이야기를 듣고는 생산자에게 막국수나 냉면 이야기를 했다가 무시 아닌 무시를 당한 적이 있었다. 제주에서 메밀 음식 볼 때마다 그 생각이 난다.

메밀은 많이 생산하지만, 우리밀 재배는 극히 드물었던 곳이 제주다. 제주의 동쪽 표선에서만 재배하던 밀을 이제는 애월과 한림에서도 재배하기 시작했다. 밀의 종류도 금강밀에서 백강밀로 바꾸고 있다고 한다. 제주 여행 바람이 불면서 카페나 제과점이 많이 생겼지만, 오롯이 제주에서 생산한 밀로만 빵을 만드는 곳은 없었다.

제주 애월에 우리밀 재배에서 한 발자국 더 나아가 직접 재배한 제주밀로 가루를 내어 빵을 만드는 곳이 있다. 작은 가게지만 구수한 빵 내음은 어디에서도 맡아본 적 없는 것이었다. 빵 종류가 많지 않아도 찾는 이가 제법이다. 나 같은 뜨내기보다는 내 뒤로 들어온 농부를 보니 그렇다. 딸아이 이야기하며 빵을 사 가는 모습이 그랬다. 하나 남은 흑돼지플로스, 흑돼지 안심으로 만든 고기 가루를 듬뿍 올린 빵을 샀다. 집으로 돌아와 아이에게 빵을 줬다. 딸아이의 말로는 빵과 족발을 동시에 맛보는 것 같다고 한다. 사전 설명 없이 빵만 주었더니 보인 반응이다. 흑맥주빵이나 향신료 듬뿍 들어간 빵 또한 많이 찾는다고 한다.

겨울 제주에서 꼭 맛봐야지 했던 것이 흰꼴뚜기. 흰꼴뚜기라 부르면 잘 모르겠지만 '무늬오징어'하는 순간 '아' 소리는 낼 정도로 알려져 있다. 내 주장이지만 보통의 오징어 맛의 수준을 1단계로 치자면 갑오징어는 3단계 정도, 무늬오징어는 10이다. 겨울에 제주 출장을 가더라도 식당에서 맛보기는 어려웠다. 간혹 횟집에서 곁다리 메뉴로 올라오는 것이 전부였다. 그마저도 여의치 않으면 올레시장에서 사곤 했다. 무늬오징어는 주로 겨울에 동해부터 남해까지 골고루 난다. 시장에서 간혹 보이긴 해도 파는 곳은 거의 없다. 대정읍에 무늬오징어 전문점이 있다. 회, 숙회, 튀김까지 다양하게 즐길 수가 있다. 전에 맛보지 못한 맛이다. 오징어가 거기서 거기라 여기는 선입관을 한 번 깨는 맛이다. 같이 간 이의 친구 중에 낚시꾼 친구가 몇 번이고 준다고 했던 것을 거절했던 자신을 책망하면서 맛나게 먹었다.

주문한 숙회는 삶는 정도가 알맞다. 고기 구울 때 흔히 요청하는 미디엄 레어에서 미디엄 사이였다. 겉은 반투명, 중심은 투명하게 온도 조절을 잘 했다. 해산물을 열로 조리하면 특유의 향을 내곤 한다.

어판장

적당한 열기에 두족류 특유의 향이 돌면서 단맛이 난다. 익지 않은 중심부는 끝까지 쫄깃함을 잃지 않는다.

지나고 나니 드는 생각, 초장이나 간장 대신 소금을 따로 청했으면 무늬오징어의 맛을 더 즐길 수 있지 않을까 하는 후회가 들었다. 따로 주문한 튀김은 숙회 못지않았다. 다리는 다리대로, 몸통은 몸통대로 식감이 달라 먹는 재미가 있다. 튀김의 두께로 봐서는 떡볶이 먹을 때 같이 나오는 대왕오징어튀김만큼의 두께다. 하늘과 땅 차이가 나는 오징어튀김 맛을 보고 싶은 이라면 튀김 주문 필수다.

◇◇◇◇◇

제주에서 별미를 찾는다면 이제 재료를 찾아야 한다. 맛집이라는 게 사실 다르게 설명하자면 그냥 인기 있는 집일 뿐이다. 색다른 재료를 찾으면 색다른 맛을 볼 수 있다. 흑돼지와 갈치가 있는 제주에는 메밀도 있고, 우리밀도 있고, 무늬오징어도 있다. 재료로 음식을 찾는 순간 맛은 더 다양해진다. 제주에서 맛있는 재료는 오일장에 다 있다.

취재한 것은 보통 A4 두 장 정도 분량의 기사로 낸다. 지면이 허락했다면 더 이야기했을 것이다. 지금부터는, 차고 넘쳐 못다 한 이야기다.

최근에 샤인머스캣의 이른 수확에 대한 말들이 많았다. 익지도 않은 샤인머스캣을 수확하는 이유는 명확하다. 그게 돈이 되기 때문이다. 다른 이보다 먼저 물건을 내면 맛과 상관없이 좋은 가격을 쳐서 팔 수 있다. 샤인머스캣이 덜 익었을 때인 8월부터 시장에 나온다. 몇

넌 지속하니 사람들은 샤인머스캣이 달지도 않고, 맛없다고 인식하기 시작했다.

샤인머스캣 재고 문제가 발생하면서 제주 감귤 농가 또한 자성의 모습을 보이기도 했다. 한라봉의 제철은 1월 말부터다. 제대로 맛이 나려면 2월까지는 족히 기다려야 하지만 12월부터 나오기 시작한다. 3월에 맛봐야 하는 천혜향이 1월 중문시장에 나와 있다. 누구보다 좋은 가격은 받겠지만 종국에는 손실로 돌아올 것이다. 1월에 본 천혜향이 낯설었다. 몇 년 전부터 육지 하우스에서도 한라봉이나 천혜향, 레드향을 재배한다. 아직 제주 것에 비해 맛이 떨어진다. 제주 것도 계속해서 조기 수확하다 보면 몇 년 사이 육지 것과 맛이 비슷해질 것이다. 제주는 육지보다 운송비가 더 든다. 맛이 비슷해지고 나면 굳이 제주 것을 살 이유가 없다. 제주가 가진 장점을 돈 몇 푼에 넘기고 있다. 황금알을 낳는 거위의 배를 가르는 것이다.

한라봉

상점 정보

- 제주밀팡제빵소 **주소** 제주도 제주시 애월읍 고성서3길 15-5 상가동 101호 **전화** 0507-1357-8109
- 소곰밭원담 **주소** 제주도 서귀포시 대정읍 동일하모로 37 **전화** 0507-1358-4653

닫는 글

저는
고향세 냅니다!

"고객님 당황하셔써요?"

오래전 개그 프로그램인 '황해'에서 유행한 말을 혼자 중얼거릴 때가 있다. 아무 생각도 나지 않고 그저 이 유행어만 중얼거리면서, 무언가를 해야 하지만 할 수 있는 게 생각나지 않는 순간과 마주하곤 했다. 4년 동안 전국 방방곡곡 다니며 시장을 다녔다. 오일장 열리기 전날에 내려가 취재를 했다. 밥도 먹고 가능하다면 저녁에 소주 한잔과 함께 계절이나 산지에 맞는 제철 안주를 선택했다. 다음 날 시장 취재를 끝내고는 집으로 돌아간다. 보통의 흐름이다. 그걸 방해하는 건 대부분이 날씨다. 코로나19와 지방소멸 또한 한몫했다.

전날까지 날이 좋다가 한겨울임에도 다음 날 천둥·번개에 비가 쏟아진 곳(거제시), 눈하고는 아무런 상관이 없을 줄 알았던 곳에서의 폭설(장흥), 정상적으로 시장이 섰으나 코로나19 거리두기 2단계로 오일장 자체가 열리지 않거나(남해), 사람이 사라져 오일장 또한 명맥만 겨우 유지하는 곳(인제)이 있었다. 먹거리는 얼추 취재해도 오일장 자체가 없을 땐 없는 장터라도 몇 바퀴씩 돌고 돌았던 기억이 난다. 책에 실린 목포 취재 때 전라남도에 내린 대설주의보로 시장이 서지 않았다. 다른 시장 두어 곳 돌다가 겨우 겨울 광어를 사면서 지면을 채울 수가 있었다.

날씨는 운이다. 날씨로 인해 가는 날이 장날이면 다음을 기약하면 된다. 하지만 다음을 기약할 수 없는 경우가 바로 지방소멸이다. 사는 이, 파는 이 모두 나이 든 경우가 대부분이다. 사는 사람이 없으니 파는 사람 또한 적어진다. 그나마 주변에 대도시라도 있으면 괜찮지만, 그렇지 않은 곳은 시장을 알리는 조형물만 반기는 경우도 있다. 다니다 보면 점차 그렇게 돼가는 곳도 있다. 지방소멸에 대한 느낌은 코로나19를 지나면서 더 커졌다. 코로나19 이전에는 오후 10시에도 읍내에 사람이 있었다. 선술집에는 소주 한 병 앞에 두고 이야기를 나누는 사람들이 보였다. 코로나19 이후 지방에 가면 저녁 8시에 대부분의 식당이 문을 닫는다. 문 연 곳은 치킨, 족발, 떡볶이 집 등 배달 음식 전문점이 대부분이다. 어두운 거리에 유독 밝은 곳은 편의점 앞밖에 없었다. 저녁으로 소주 한잔하고 나면 2차는 고사하고 대리 기사를 부르기도 힘든 현실이었다. 허영만 선생님 모시고 간 산청의 토종닭구이 집. 술 한잔 끝내고 대리 기사를 부르니 진주에서 온다고 했다. 산청은 대리 기사 부르는 사람이 없어 아예 대리운전 회사조차도 없다고 한다. 지방소멸의 실제를 본 순간이었다.

다행인지 아직은 모르겠지만 이제 시행되는 고향세(고향사랑기부제)가 고맙다. 개인이 선택한 지자체에 일정 금액을 기부하면 세금 혜택과 함께 지역 특산물을 받을 수가 있다. 다닌 97개 지역을 따져봤다. 어디가 좋을까? 받을 수 있는 특산물로 고를까 하다가 두 군데 지자체를 선택했다. 경북 영양군과 전북 장수군이다. 동네가 사그라들고 있다는 느낌을 받았다. 사람이 없으니 불빛이 적었다. 어디 높은 곳에 가지 않더라도 은하수 찍기 참으로 편했다.

고향세가 소멸까지 막을 수는 없겠지만 조금이라도 지연할 것이다. 그사이 좋은 대책이 나와 다 같이 잘 살았으면 하는 생각이다. 걱정도 조금 있다. '고향세가 지역 유지들만의 쌈짓돈이 되지 않을까?' 하는 염려, 공무원의 '선정했으면 된 거다' 식의 일 처리 걱정 등등 말이다. 전국 장터에 있는 청년몰을 보면 심히 걱정된다. 선정만 하고서는 관리를 하지 않아 을씨년스러운 청년몰을 봐왔다. 그런 모습을 본 터라 자연스레 걱정이 든다. 내가 낸 돈이 잘 쓰이는지 눈 크게 뜨고 볼 생각이다. 보다 신중하게 사용했으면 한다. 고향세 기부 도시를 선택할 때는 부모님이나 나의 고향으로 하면 좋다. 여유가 있다면 한두 군데 더하면 금상첨화다. 가능하면 인구수의 역순으로 인구가 적은 지역부터 선택하면 더 좋을 듯싶다.

이제 겨우 전국 오일장의 반을 넘겼다. 세 번째 책이 나왔다. 오일장 책은 여기까지다. 출판은 하지 않더라도 지면을 통해 계속 소개할 예정이다. 아직 가지 않은 시장 또한 부지런히 다닐 생각이다.

오일장 다니면서 친구랑 출장길에 던진 농담이 벌써 세 번째 출간으로 이어졌다.

재미없는 책을 세 권이나 기획한, 용감한(?) 상상출판 유철상 대표님께 감사의 인사를 드립니다.

책을 예쁘게 꾸며준 김정민 에디터 또한 감사 인사드립니다.

가끔 취재에 동행해 소주 친구가 되어준 구완회 작가, 아주 가끔 동행 나서 주신 허영만 선생님 고맙습니다.

4년 동안 참으로 많이 다녔고 앞으로도 더 다닐 생각이다.

내가 잘하는 말, "다녔고, 쓰고, 찍고, 출판까지 했으면 된 거다!"

전국 오일장에 담긴 맛있는 사계절
제철 맛은 장날입니다

초판 1쇄 2023년 2월 20일

지은이 김진영

발행인 유철상
책임편집 김정민
편집 홍은선, 정유진
디자인 주인지, 노세희
마케팅 조종삼, 김소희
콘텐츠 강한나

펴낸곳 상상출판
출판등록 2009년 9월 22일(제305-2010-02호)
주소 서울특별시 성동구 뚝섬로17가길 48, 성수에이원센터 1205호(성수동 2가)
전화 02-963-9891(편집), 070-7727-6853(마케팅)
팩스 02-963-9892
전자우편 sangsang9892@gmail.com
홈페이지 www.esangsang.co.kr
블로그 blog.naver.com/sangsang_pub
인쇄 다라니
종이 ㈜월드페이퍼

ISBN 979-11-6782-114-0 (03980)